面向"十二五"高职高专规划教材

高等职业教育骨干校课程改革项目研究成果

化工设备实训指导

主 编　张剑峰　彭 芳

北京理工大学出版社

BEIJING INSTITUTE OF TECHNOLOGY PRESS

内 容 简 介

随着改革开放的深入，工业结构的调整，新知识、新技术不断涌现，需要对传统的化工设备维修技术专业（化工设备与机械专业）进行改革。为使化工设备维修技术专业（化工设备与机械专业）的高职生达到培养要求，专业实验的改革应遵循拓宽学生知识面、提高学生动手能力和创新能力的原则。为此我们购置了这套实训设备并编写了与实训对应的教材，其主要目的是提高本专业高职生的动手能力。书中内容包括内压薄壁容器应力测定实验、安全阀泄放性能测定实验、外压薄壁容器的稳定性实验、往复式空气压缩机性能测定实验及过程设备与控制综合实验等。

本书适用对象为面向 21 世纪培养知识面广、创新能力强、综合素质高的高职生，以及从事科研工作尤其是从事换热器的结构设计、性能检测、微机自动控制等的多方面科研工作的老师。

图书在版编目（CIP）数据

化工设备实训指导／张剑峰，彭芳主编. —北京：北京理工大学出版社，2012.12

ISBN 978 – 7 – 5640 – 6983 – 4

Ⅰ. ①化… Ⅱ. ①张… ②彭… Ⅲ. ①化工设备 – 高等职业教育 – 教学参考资料 Ⅳ. ①TQ05

中国版本图书馆 CIP 数据核字（2012）第 257974 号

出版发行／北京理工大学出版社

社　　址／北京市海淀区中关村南大街 5 号

邮　　编／100081

电　　话／(010)68914775（办公室）　68944990（批销中心）　68911084（读者服务部）

网　　址／http：//www.bitpress.com.cn

经　　销／全国各地新华书店

印　　刷／保定市中画美凯印刷有限公司

开　　本／710 毫米×1000 毫米　1/16

印　　张／7　　　　　　　　　　　　　　　　　　　　　责任编辑／赖绳忠

字　　数／119 千字　　　　　　　　　　　　　　　　　　　　　　　　陈莉华

版　　次／2012 年 12 月第 1 版　　2012 年 12 月第 1 次印刷　　责任校对／陈玉梅

定　　价／19.00 元　　　　　　　　　　　　　　　　　　　　责任印制／王美丽

图书出现印装质量问题，本社负责调换

前　言

　　化工设备维修技术专业（化工设备与机械专业）是工科高职院校的一个传统专业，曾培养出了许多优秀的专业技术人才，为国家的经济建设，特别是石油化学工业的建设和发展做出了突出贡献。随着改革开放的深入，工业结构的调整，新知识、新技术不断涌现，需要对传统的化工设备维修技术专业（化工设备与机械专业）进行改革。为此，我们编写了这本指导书，其目的是提高本专业高职生的动手能力，适用对象为：面向21世纪培养知识面广、创新能力强、综合素质高的高职生。

　　为使化工设备维修技术专业（化工设备与机械专业）的高职生达到培养要求，专业实验的改革应遵循拓宽学生知识面、提高学生动手能力和创新能力的原则。为此我们购置了这套实训设备并编写了与实训对应的教材。本书内容包括：内压薄壁容器应力测定实验、安全阀泄放性能测定实验、外压薄壁容器的稳定性实验、往复式空气压缩机性能测定实验、离心泵性能测定实验、离心泵汽蚀性能测定实验、调节阀流量特性实验、换热器换热性能实验、流体传热系数测定实验、换热器管程和壳程压力降测定实验、换热器壳体热应力测定实验、离心泵压力控制实验、离心泵流量控制实验、换热器串级温度控制实验、换热器前馈温度控制实验、DDC编程实验及计算示例等。

　　这是一套实用性很强的实验装置，它不仅能够满足高职生教学实验的要求，还可以为教师们进行科研工作，尤其可以为换热器的结构设计、性能检测、微机自动控制在内的多方面科研工作，提供硬件及软件平台。

　　本实验指导书是针对化工设备维修技术专业（化工设备与机械专业）所开设的实验实训编写的，属于国家骨干校建设内容之一。作者在编写过程中得到了中海油内蒙古天野化工（集团）有限责任公司和包头钢铁公司的积极配合，得到了领导、老师们的许多帮助，在此表示感谢！由于编者水平有限，编写时间仓促，书中难免存在不少缺点和错误，热忱希望广大教师和同学在使用中批评指正！

编　者

2012 年 11 月

目 录

项目一

内压薄壁容器应力测定实验

（一） 实验目的

（1） 实测在内压作用下封头的应力，绘制封头的压力分布曲线。

（2） 了解边缘力矩对容器应力分布的影响。

（二） 实验内容

实测在不同内压力作用下椭圆封头、锥形封头、球形封头、平板封头和筒体上各测点的应变值，画出各测点的 $p-\varepsilon$ 修正曲线 （线性关系），并在修正曲线上求得在 0.6 MPa 压力下应变修正值，由应变修正值计算在 0.6 MPa 下各点的应力值，绘制 0.6 MPa 下的封头应力分布曲线，利用所学理论解释封头的应力分布状况，并对存在的问题进行讨论。

（三） 实验装置

内压容器实验装置如图 1-1 所示。

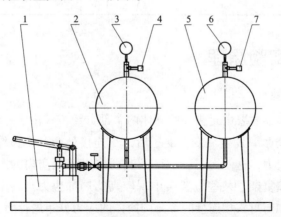

图 1-1　内压薄壁容器应力测定实验装置

1—手动试压泵；2—卧式内压实验容器 1；3—压力表 1；4—压力传感器 1；

5—卧式内压实验容器 2；6—压力表 2；7—压力传感器 2

内压薄壁实验容器的椭圆形封头部分尺寸如图 1 - 2 所示，容器材料为 0Cr18Ni9。应变片的布置方案是根据封头的应力分布特点来决定的。封头在轴对称载荷作用下可以认为是处于二向应力状态，而且在同一平行圆上各点受力情况是一样的。所以只需要在同一平行圆的某一点沿着环向和径向各贴一个应变片即可。本实验中采用 10 个 T 形应变片布置在封头上，贴片位置如图 1 - 2 所示。各测点离封头顶点距离见表 1 - 1。每个 T 形应变片上有两个相互垂直成 T 形排列的敏感栅，可分别用来测量环向应变和径向应变。本实验中所用应变片的电阻值为 350 Ω，灵敏度系数 $K = 2.17$。

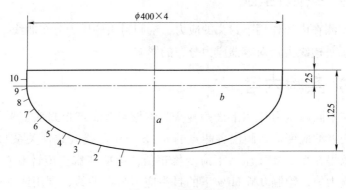

图 1 - 2 椭圆封头

表 1 - 1 各测点离椭圆封头顶点距离   mm

序号	1	2	3	4	5	6	7	8	9	10
距离	20	60	80	120	145	170	190	210	230	250

（四）实验原理

1. 应力计算

薄壁压力容器主要由封头和圆筒体两个部分组成，由于各部分曲率不同，在它们的连接处曲率发生突变。受压后，在连接处会产生边缘力系——边缘力矩和边缘剪应力，这使得在折边区及其两侧一定距离内的圆筒体和封头中的应力分布比较复杂，某些位置会出现较高的局部应力。利用电阻应变测量方法可对封头和与封头相连接的部分圆筒体的应力分布进行测量。

应力测定中用电阻应变仪来测定封头各点的应变值，根据广义胡克定律换算成相应的应力值。由于封头受力后是处于二向应力状态，在弹性范围内用广义胡克定律表示如下。

径向应力： $\sigma_1 = \dfrac{E}{1-\mu^2} \cdot (\varepsilon_1 + \mu \cdot \varepsilon_2)$ （MPa） （1-1）

环向应力： $\sigma_2 = \dfrac{E}{1-\mu^2} \cdot (\varepsilon_2 + \mu \cdot \varepsilon_1)$ （MPa） （1-2）

式中 E——材料的弹性模量；

  μ——材料的泊松比；

  ε_1——径向应变；

  ε_2——环向应变。

椭圆形封头上各点的应力理论计算公式如下：

径向应力： $\sigma_r = \dfrac{p}{2s} \cdot \dfrac{[a^4 - x^2(a^2-b^2)]^{\frac{1}{2}}}{b}$ （MPa） （1-3）

环向应力： $\sigma_\theta = \dfrac{p}{2s} \cdot \dfrac{[a^4 - x^2(a^2-b^2)]^{\frac{1}{2}}}{b} \cdot \left[2 - \dfrac{a^4}{a^4 - x^2(a^2-b^2)} \right]$ （MPa）

（1-4）

式中 x——测点至椭圆形封头顶点的距离；

  s——椭圆形封头在测点的厚度；

  p——椭圆形封头计算压力。

2. 电阻应变仪的基本原理

电阻应变仪将应变片电阻的微小变化，用电桥转换成电压电流的变化。其过程为：

$$\varepsilon \xrightarrow{\text{应变片}} \frac{\mathrm{d}R}{R} \xrightarrow{\text{电桥}} \Delta V(\text{或} \Delta I) \xrightarrow{\text{放大器}}$$

$$\text{将} \Delta V(\text{或} \Delta I) \text{放大} \xrightarrow{\text{检流计或纪录仪}} \text{指示或纪录}$$

将电阻应变片用胶水粘贴在封头外壁面上，应变片将随封头的拉伸或压缩一起变形，应变片的变形会引起应变片电阻值的变化，二者之间存在如下关系：

$$\frac{\Delta R}{R} = K \cdot \frac{\Delta l}{L} = K \cdot \varepsilon \tag{1-5}$$

式中 $\Delta R/R$——电阻应变片的电阻变化率；

  $\Delta L/L$——电阻应变片的变形率；

  K——电阻应变片的灵敏系数；

  ε——封头的应变。

3. BZ2205C 型静态电阻应变仪

电阻应变仪的组成：

（1）构件变形的感受和转换部分——电阻应变片。

（2）被转换量的传递和放大部分。

（3）记录及读数部分。

其方框图如图 1-3 所示，接线图如图 1-4 所示。

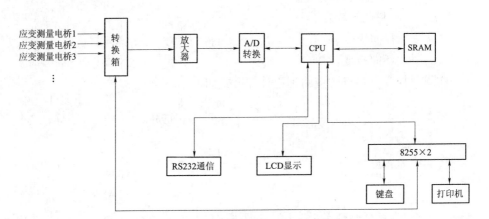

图 1-3　电阻应变仪方框图

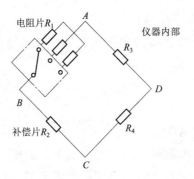

图 1-4　电阻应变仪接线图

（五）实验步骤

1. 应变仪测量

（1）打开内压实验容器的进水阀，关闭外压实验容器进水阀。

（2）检查各接线是否正确、牢固。

（3）打开应变仪电源。

（4）检查应变仪是否工作正常。

（5）按所贴应变片设定应变片灵敏系数 K（没有变化时跳过）。

（6）选择调零，检验各点初值是否为零。

（7）用试压泵向容器加压，分别加压至 0.2 MPa、0.4 MPa、0.6 MPa，并测量相应压力下各点之应变值，并记录。

2. 联机测量

（1）启动实验主程序，选择实验。

（2）选择实验封头后确定，进入测量程序。

① 点击"平衡"按钮，对应变仪进行平衡调整。

② 点击"测量"按钮，读入应变初读数。（若读数不为零，重复①②步骤）

③ 点击"清空数据"按钮，清空数据库文件。

④ 改变实验压力，分别为 0.2 MPa、0.4 MPa、0.6 MPa。

⑤ 点击"测量"按钮，测量各实验压力下实验数据。

⑥ 点击"记录"按钮，将数据写入数据库文件。

（3）点击"设置"按钮，可对应变仪进行参数设置。（应变仪脱机测量的设置，请参照 BZ2205C 静态电阻应变仪使用说明书）

（4）测量完成后，关闭内压实验容器的进水阀，点击"退出"按钮，退出测量程序，返回实验主程序，点击"数据处理"进入数据处理窗口。

① 选择实验封头后确定，进入应力计算程序；点击"读取数据"按钮，弹出"选择数据文件"对话框。

② 选择数据文件：

处理数据库文件（现场实验）数据—1；

处理文本文件（旧的实验）数据—2。

③ 点击"计算"按钮，计算应变修正值和应力值。

④ 点击"画图"按钮，进入"绘制应力曲线"窗口。

⑤ 点击"打印"按钮，打印页面内容图像。

⑥ 点击"导出数据"按钮，将测量的应变值写入文本文件，可以用记事本打开、编辑和打印所存的文件。

⑦ 点击"返回"按钮，退出数据处理窗口。

（六）数据记录和整理

（1）将内压容器在 0.2 MPa、0.4 MPa、0.6 MPa 压力下测量出的封头径向应变和环向应变值填入表 1-2 中，在坐标纸上将同一点应变值分别为 0 MPa、0.2 MPa、0.4 MPa、0.6 MPa 下的线性化修正曲线。

（2）在线性化修正曲线上取 0.6 MPa 压力时的应变值，并按式（1-1）和式（1-2）计算内压容器在 0.6 MPa 压力下的径向应力和环向应力值，填入表 1-2 中。

表 1-2 实验数据表

项目	0.2 MPa		0.4 MPa		0.6 MPa		0.6 MPa			
	径向应变 ε_1	环向应变 ε_2	径向应变 ε_1	环向应变 ε_2	径向应变 ε_1	环向应变 ε_2	应变修正值		应力值	
	$\mu\varepsilon$	$\mu\varepsilon$	$\mu\varepsilon$	$\mu\varepsilon$	$\mu\varepsilon$	$\mu\varepsilon$	ε_1	ε_2	σ_1	σ_2
1										
2										
3										
4										
5										
6										
7										
8										
9										
10										

（3）测量各种封头的应变值，数据同样可填入表 1-2。在坐标纸上绘制带有椭圆封头或带有锥形封头的内压容器的应力分布曲线。有关各种封头的理论计算公式可参照本项目的附录。

（七）实验报告要求

（1）写出实验目的、实验内容、应变测量的实验步骤。

（2）在同一张坐标纸上画出各点的线性化修正曲线，写出应力计算步骤，绘制应力分布曲线。

（3）回答思考题。

思 考 题

1. 利用所学理论解释封头的应力分布状况。

2. 封头和圆筒体的连接处为什么会出现应力增大的现象？

附录：封头形状、测点分布和应力计算公式

（一）带折边锥形封头

（1）带折边锥形封头测点分布图。如图附－1所示。

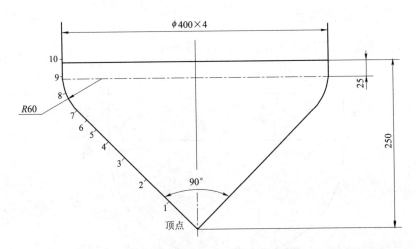

图附－1 带折边锥形封头测点分布图

各测点至锥形封头顶点距离见表附－1。

表附－1 各测点至锥形封头顶点距离   mm

序号	1	2	3	4	5	6	7	8	9	10
距离	40	80	120	150	180	210	240	265	285	310

（2）对于带折边锥形封头进行设计时，采用下列两式中较大的壁厚 t 值，其值如图附－2所示。

带折边锥形封头的理论计算公式为：

$$\sigma_r = \frac{p \cdot x \cdot \tan\alpha}{2t} = \frac{p \cdot r}{2t \cdot \cos\alpha}$$

$$\sigma_\theta = \frac{p \cdot x \cdot \tan\alpha}{t} = \frac{p \cdot r}{t \cdot \cos\alpha}$$

式中 σ_r——锥形封头的径向（沿母线方向）应力，MPa；

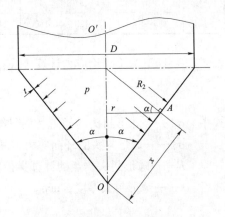

图附－2 带折边锥形封头尺寸图

σ_{θ}——锥形封头的环向应力，MPa；

p——封头所受内压力，MPa；

t——封头厚度，mm；

x——锥形封头计算点的母线距离，mm；

α——锥形封头的半锥角，(°)；

r——锥形封头计算点的同心圆半径，mm。

（二）球形封头

（1）球形封头测点分布图。如图附 - 3 所示。

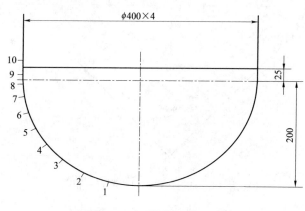

图附 - 3　球形封头测点分布图

测点至球形封头顶点距离见表附 - 2。

表附 - 2　测点至球形封头顶点距离　　　　　　mm

序号	1	2	3	4	5	6	7	8	9	10
距离	0	60	120	180	240	150	290	310	350	370

（2）球形封头理论应力计算公式：

$$\sigma_{\phi} = \sigma_{\theta} = \frac{p \cdot R}{2s}$$

式中　σ_{ϕ}——球形封头的径向（沿母线方向）应力，MPa；

σ_{θ}——球形封头的环向应力，MPa；

R——球形封头测点的计算半径，mm；

s——球形封头厚度，mm。

（三）碟形封头

碟形封头测点分布图如图附 - 4 所示。

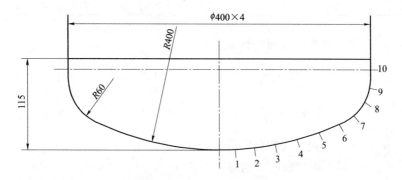

图附 - 4　碟形封头测点分布图

测点离碟形封头顶点距离见表附 - 3。

表附 - 3　测点离碟形封头顶点距离　　mm

序号	1	2	3	4	5	6	7	8	9	10
距离	40	80	120	150	180	200	220	240	280	300

（四）圆平板封头

（1）圆平板封头测点分布图。如图附 - 5 所示。

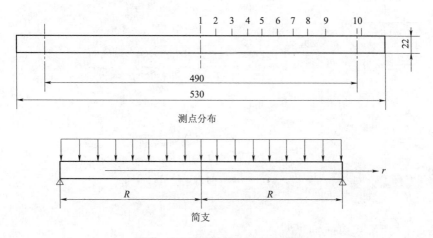

测点分布

简支

图附 - 5　圆平板封头测点分布图

测点至平板封头中心距离见表附 -4。

表附 -4　测点至平板封头中心距离　　　　　mm

序号	1	2	3	4	5	6	7	8	9	10
距离	0	25	50	75	100	125	150	175	200	250

（2）圆平板封头应力理论计算公式：

$$\sigma_\phi = \frac{3}{8} \cdot \frac{p}{s^2} \cdot (3 + \mu) \cdot (R^2 - r^2)$$

$$\sigma_\theta = \frac{3}{8} \cdot \frac{p}{s^2} \cdot [R^2 \cdot (3 + \mu) - r^2 \cdot (1 - 3\mu)]$$

式中　　σ_ϕ——圆平板封头的径向应力，MPa；

　　　　σ_θ——圆平板封头的环向应力，MPa；

　　　　p——圆平板封头所受内压力，MPa；

　　　　s——圆平板封头厚度，mm；

　　　　R——圆平板封头半径，mm；

　　　　r——圆平板封头计算点的同心圆半径，mm；

　　　　μ——材料的泊松比。

项目二

安全阀泄放性能测定实验

（一）实验目的

（1）测定安全阀的排放压力，绘制安全阀开启前后的压力变化曲线。

（2）测定安全阀在基准进口温度下的排量 q_r。

（二）实验内容

测量安全阀排放的排放压力，并测量安全阀排放时的基点压力（安全阀进口压力）P_B、基点温度（安全阀进口温度）T_B、流量计进口静压力 P_m、孔板流量计进口流体温度 T_m、孔板流量计差压力 h_w，计算安全阀在基准进口温度下的排量 q_r。

（三）实验装置

安全阀泄放性能测定实验装置如图 2-1 所示。

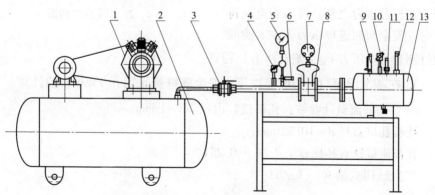

图 2-1　安全阀泄放性能测定实验装置

1—TA-80 型空气压缩机；2—储气罐；3—调节阀门；4—温度变送器（流量计进口流体温度 T_m）；5—压力表；6—压力变送器（流量计进口静压力 P_m）；7—差压变送器（流量计差压力 h_w）；8—孔板流量计；9—安全阀；10—温度变送器（基点温度 T_B）；11—压力变送器（基点压力 P_B）；

12—安全阀试件，额定排放压力 $P_f = 0.5$ MPa；13—试验容器 $\phi300$

（四）实验原理

1. 安全阀工作原理

当压力容器处于紧急或异常状况时，为防止其内部介质压力升高到超过预定最高压力时，安全阀可自动排出一定数量的流体，使压力容器内的压力降低。安全阀由阀座、阀瓣、调节弹簧等部件构成，如图 2-2 所示。

当压力容器内部的压力高于安全阀的整定压力时，由于介质压力作用在阀瓣上的力大于弹簧对阀瓣的作用力，致使阀瓣产生位移。介质从阀座与阀瓣间的缝隙中排出。

当压力容器内部的压力低于安全阀的整定压力时，由于介质压力作用在阀瓣上的力小于弹簧对阀瓣的作用力，致使阀瓣复位，安全阀关闭。

2. 安全阀排放压力的测量

安全阀的排放压力是安全阀整定压力与超过压力之和。即当安全阀排放时，安全阀的进口压力。在实验时通过测量基点压力 P_B（绝对压力）得到。

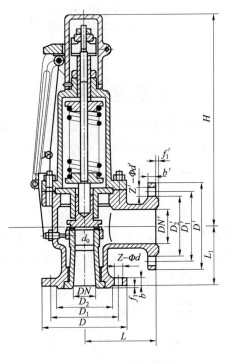

图 2-2 安全阀结构图

3. 在基准温度（$t = 20\ ℃$）下，安全阀排量 q_r（m^3/min）的计算

（1）孔板流量计参数：孔板接管内径 $D = 41\ mm$；

孔板孔口直径 $d = 10.32\ mm$；

孔板流量计直径比 $\beta = d/D = 0.2517$。

（2）试用流量 W_t（kg/h）：

$$W_t = 0.0125 \cdot d^2 \cdot K_0 \cdot Y \cdot \sqrt{h_w \cdot \rho_m} \qquad (2-1)$$

式中　d——孔板孔口直径，mm；

　　　K_0——试用流量系数，查表 2-1（取 $R_d = 2 \times 10^4$）；

　　　Y——空气膨胀系数，查表 2-2，表中 P_2/P_1 为孔板前后压力之比；

　　　P_1 为孔板前压力，取流量计进口静压力 P_m 的实测值，mm 水柱；

P_2 为孔板后压力，$P_2 = P_1 - h_w$，mm 水柱；

h_w——流量计差压力实测值，mm 水柱，（1 kPa = 100 mm 水柱）；

ρ_m——流量计进口处流体密度，kg/m³，取 $\rho_m = 1.205$ kg/m³。

（3）孔板喉部雷诺数 R_d：

$$R_d = \frac{0.354 \cdot W_t}{d \cdot \mu} \tag{2-2}$$

式中　W_t——试用流量，用公式（2-1）计算其值，kg/h；

d——孔板孔口直径，$d = 10.32$ mm；

μ——空气黏度，$\mu = 18.1 \times 10^{-3}$ Pa·s。

（4）测量排量 W_h（kg/h）：

$$W_h = W_t \cdot \frac{K}{K_0} \tag{2-3}$$

式中　W_t——试用流量，kg/h；

K——流量系数，利用公式（2-2）计算的 R_d 值，再查表 2-1；

K_0——试用流量系数。

（5）在基点状况下的空气密度 ρ_B：

$$\rho_B = \rho_S \cdot P_B/0.101325 \tag{2-4}$$

式中　ρ_S——在标准大气压下和基点温度下干燥空气密度，kg/m³，查表 2-3；

P_B——基点压力（绝对压力）实测值，MPa。

（6）在基点状况下流量计处的容积流量 q_b（m³/min）：

$$q_b = \frac{W_h}{60 \cdot \rho_B}$$

式中　W_h——测量排量，kg/h；

ρ_B——在基点状况下的空气密度，kg/m³，按公式（2-4）计算。

（7）安全阀进口温度校正系数 C

$$C = \sqrt{T_V/T_r} \tag{2-5}$$

式中　T_V——安全阀进口绝对温度（基点温度）实测值，K；

T_r——安全阀进口基准绝对温度，K，$T_r = 293$ K。

（8）在基准进口温度下被测安全阀的排量 q_r（m³/min）：

$$q_r = q_b \cdot C \tag{2-6}$$

式中　C——安全阀进口温度校正系数，按公式（2-5）计算。

表 2 - 1　角接取压标准孔板的流量系数 K_0

R_d	5×10^3	10^4	2×10^4	3×10^4	5×10^4	10^5	10^6	10^7
β^4				K_0				
0.004	0.604 5	0.602 2	0.600 7	0.600 1	0.599 5	0.599 7	0.598 6	0.598 6

表 2 - 2　角接取压标准孔板的流束膨胀系数 K

P_2/P_1	1.0	0.98	0.96	0.94	0.92	0.90	0.85	0.80	0.75
β^4				$k = 1.4$（空气的等熵指数）					
0.00	1.000 0	0.993 0	0.986 6	0.980 3	0.974 2	0.968 1	0.953 1	0.938 1	0.923 2
0.10	1.000 0	0.992 4	0.985 4	0.978 7	0.972 0	0.965 4	0.949 1	0.932 8	0.916 6

表 2 - 3　在标准大气压下空气密度

温度/℃	0	10	20	30	40	50	60	70
密度/（kg·m^{-3}）	1.293	1.247	1.205	1.165	1.128	1.093	1.060	1.029

（五）实验步骤

（1）打开计算机，点击"安全阀泄放实验"图标，进入"安全阀泄放性能测定实验"程序画面。

（2）点击实验画面上的"实验"按钮，输入班级和实验组次，点击"确定"按钮后程序进入"测试画面"。

（3）打开"压力调节阀门"，启动压缩机，当流量计进口静压力 P_m 达到 0.4 MPa 后，点击测试画面上的"清空数据库"按钮，清空数据库数据，再点击"记录"按钮，进入"实时曲线"画面，等待安全阀进行泄放。

（4）当被测安全阀泄放后，"测试画面"上出现基点压力 P_B 曲线和流量计差压力 h_w 曲线，点击"显示数据"按钮，画面右下方出现安全阀开启时的实验数据。

（5）关闭压缩机。

（6）点击"导出数据"按钮，将实验数据存入 *.txt 文件。

（7）点击"打印"按钮，打印实验数据和实验曲线。

（8）点击"退出"按钮，结束实验。

（六）数据记录和整理

实验数据包括：

（1）基点压力（安全阀进口压力）P_B；

（2）基点温度（安全阀进口温度）T_B；

（3）流量计进口静压力 P_m；

（4）流量计进口流体温度 T_m；

（5）流量计差压力 h_w。

依据以上数据分别计算：

（1）试用流量 W_t，kg/h；

（2）孔板喉部雷诺数 R_d；

（3）测量排量 W_h，kg/h；

（4）在基点状况下的空气密度 ρ_B；

（5）在基点状况下流量计处的容积流量 q_b，m^3/min；

（6）安全阀进口温度校正系数 C；

（7）在基准进口温度下被测安全阀的排量 q_r，m^3/min。

（七）实验报告要求

（1）简述实验目的、实验原理及实验装置。

（2）整理实验数据并计算在基准进口温度下被测安全阀的排量。

（3）利用所学理论解释与安全阀泄放量有关的因素。

（4）存在问题讨论。

附：安全阀在基准进口温度下的排量计算示例

（一）原始实验数据

（1）基点压力（安全阀进口压力）$P_B = 0.54$ MPa；

（2）基点温度（安全阀进口温度）$T_B = 15.2$ ℃；

（3）流量计进口静压力 $P_m = 0.52$ MPa；

（4）流量计进口流体温度 $T_m = 15.8$ ℃；

（5）流量计差压力 $h_w = 16$ kPa。

（二）在基准温度（$t = 20\ ℃$）下，安全阀排量 q_r（m^3/min）的计算

（1）孔板参数：

孔板接管内径 $D = 41$ mm；孔板孔口直径 $d = 10.32$ mm；

直径比 $\beta = d/D = 0.2517$；$\beta^4 = 0.004$。

（2）试用流量 W_t（kg/h）：

$$W_t = 0.0125 \cdot d^2 \cdot K_0 \cdot Y \cdot \sqrt{h_w \cdot \rho_m}$$

$d = 10.32$ mm；

查表 2 – 1：$K_0 = 0.6007$（取 $R_d = 2 \times 10^4$）

$$P_2 = P_1 - h_w = P_m - h_w = 0.52 - 0.016 = 0.504 \text{（MPa）}$$

$$P_2/P_1 = 0.504/0.52 = 0.96923$$

$\beta^4 = 0.004$；

再由 P_2/P_1 比值查表 2 – 2：$Y = 0.98952$（插值计算得出）

当温度为 20 ℃时查表 2 – 3：$\rho_m = 1.205$

$$\therefore\ W_t = 0.0125 \cdot d^2 \cdot K_0 \cdot Y \cdot \sqrt{h_w \cdot \rho_m}$$

$$= 0.0125 \times 10.32^2 \times 0.6007 \times 0.98952 \times \sqrt{1600 \times 1.205}$$

$$= 34.746 \text{（kg/h）}$$

（3）孔板喉部雷诺数 R_d：

$$R_d = \frac{0.354 \cdot W_t}{d \cdot \mu}$$

取空气黏度 $\mu = 18.1 \times 10^{-6}$（Pa·s）

$$R_d = \frac{0.354 \cdot W_t}{d \cdot \mu} = \frac{0.354 \times 34.746}{10.32 \times 18.1 \times 10^{-6}} = 6.5849 \times 10^4$$

（4）测量排量 W_h（kg/h）：

根据 R_d 值查表 2 – 1，得出：$K = 0.59956$（插值计算得出）

$$W_h = W_t \cdot \frac{K}{K_0} = 34.746 \times \frac{0.59956}{0.6007} = 34.68 \text{（kg/h）}$$

（5）在基点状况下的空气密度 ρ_B：

查表 2 – 3，得出：$\rho_S = 1.205$ kg/m³，$P_B = 0.54$ MPa

$$\therefore\ \rho_B = \rho_S \cdot P_B/0.101325$$

$$= 1.205 \times \frac{0.54}{0.101325} = 6.4219 \text{（kg/m}^3\text{）}$$

（6）在基点状况下流量计处的容积流量 q_b（m^3/min）：

$$q_b = \frac{W_h}{60 \cdot \rho_B} = \frac{34.68}{60 \times 6.421\,9} = 0.09 \text{ m}^3/\text{min}$$

（7）安全阀进口温度校正系数 C：

$$C = \sqrt{T_V/T_r} = \sqrt{\frac{15.2 + 273}{293}} = 0.991\,8$$

（8）在基准进口温度下被测安全阀的排量 q_r（m³/min）：

$$q_r = q_b \cdot C = 0.09 \times 0.991\,8 = 0.089\,26\ (\text{m}^3/\text{min})$$

项目三

外压薄壁容器的稳定性实验

（一）实验目的

（1）掌握薄壁容器失稳的概念，观察圆筒形壳体失稳后的形状和波数；

（2）了解长圆筒、短圆筒和刚性圆筒的划分，实测薄壁容器失稳时的临界压力。

（二）实验内容

测量圆筒形容器失稳时的临界压力值，并与不同的理论公式计算值及图算法计算值进行比较。观察外压薄壁容器失稳后的形态和变形的波数，并按比例绘制试件失稳前后的横断面形状图，用近似公式计算试件变形波数。对实验结果进行分析和讨论。

（三）实验装置

外压容器实验装置如图 3 - 1 所示。

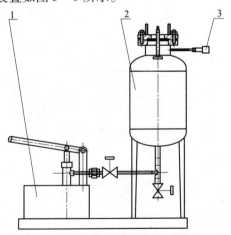

图 3 - 1　外压容器稳定性实验装置

1—手动试压泵；2—立式外压实验容器；3—压力传感器

（四）实验原理

圆筒形容器在外压力作用下，常因刚度不足失去自身的原来形状，即被压扁或产生折皱现象，这种现象称为外压容器的失稳。容器失稳时的外压力称为该容器的临界压力。对圆筒形容器丧失稳定时截面形状由圆形跃变成波形，其波形数可能是 2，3，4，5，…任意整数。

外压圆筒根据临界长度分为长圆筒、短圆筒和刚性圆筒。

（1）试件参数计算。

厚度 $t = \dfrac{1}{2} \times (D_2 - D_1)$；

圆弧处内部高度 $h_3 = h_1 - t$；

中径 $D = \dfrac{1}{2} \times (D_1 + D_2)$；

计算长度 $L = L_0 - h_2 - \dfrac{1}{2} \times h_3$

外压薄壁容器试件如图 3-2 所示。

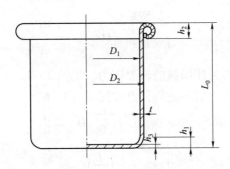

图 3-2 外压薄壁容器试件

注：试件的材料为 Q235-A，弹性模量 $E = 212$ GPa，泊松比 $\mu = 0.288$，屈服极限 $\sigma_s = 235$ MPa。

（2）圆筒的临界长度计算按照式（3-1）和式（3-2）：

$$L_{cr} = 1.17D \cdot \sqrt{\dfrac{D}{t}} \tag{3-1}$$

$$L'_{cr} = \dfrac{1.13E \cdot t}{\sigma_s \cdot \sqrt{\dfrac{D}{t}}} \tag{3-2}$$

当 $L > L_{cr}$ 时，属于长圆筒；

$L'_{cr} < L < L_{cr}$ 时，属于短圆筒；

$L < L'_{cr}$ 时，属于刚性圆筒。

（3）圆筒的临界压力计算公式。

① 长圆筒的临界压力计算如式（3-3）

$$P_{cr} = \frac{2E}{1-\mu^2} \cdot \left(\frac{t}{D}\right)^3 \qquad (MPa) \qquad (3-3)$$

② 短圆筒的临界压力计算按照式（3-4）和式（3-5）

R. V. Mises 公式：

$$P_{cr} = \frac{E \cdot t}{R(n^2-1)\left[1+\left(\frac{n \cdot L}{\pi R}\right)^2\right]^2} + \frac{E}{12(1-\mu^2)} \cdot \left(\frac{t}{R}\right)^3 \cdot \qquad (3-4)$$

$$\left[(n^2-1) + \frac{2n^2-1-\mu}{1+\left(\frac{n \cdot L}{\pi R}\right)^2}\right] \qquad (MPa)$$

式中　R——圆筒计算半径；

　　　n——圆筒失稳后的波数。

B. M. Pamm 公式：

$$P_{cr} = \frac{2.59E \cdot t^2}{L \cdot D \cdot \sqrt{\dfrac{D}{t}}} \qquad (MPa) \qquad (3-5)$$

（4）图算法计算外压圆筒的临界压力，见图 3-3。

（5）外压圆筒失稳后的波数计算按照式（3-6）：

$$n = \sqrt[4]{\frac{7.06\dfrac{D}{t}}{\left(\dfrac{L}{D}\right)^2}} \qquad (3-6)$$

（五）实验步骤

1. 测量外压容器试件的尺寸参数

① 试件的实际长度、圆弧处内部高度、翻边处高度；

② 试件的外直径、内直径；

③ 试件的壁厚。

将所测试件的尺寸填入表 3-1 内。

2. 实验台阀门操作

（1）打开总进水阀和立式外压实验容器进水阀。

（2）使立式外压实验容器内水位在上封头与接管的连接处。

（3）将外压容器试件安装在立式外压实验容器上。

（4）进入实验主程序，点击"实验选择"按钮，选择"外压薄壁容器的稳定性实验"菜单，点击"确认"按钮，进入"外压薄壁容器的稳定性实验"画面，点击"开始实验"按钮，进入实验画面。

（5）单击"开始"按钮，单击"记录"按钮。

（6）通过手动试压泵给外压实验容器缓慢加压，直至试件失稳为止。

（7）试件失稳后，迅速关闭立式外压实验容器进水阀和总进水阀。

（8）取出试件，观察和记录失稳后的波形及特点。

（9）进入数据处理程序可计算临界压力等数据。

（六）数据记录和整理

（1）将外压容器试件失稳时的临界压力 P_{cr} 实测值填入表 3-2，观察外压容器试件失稳后的波形及特点。

（2）根据外压容器试件的尺寸按式（3-1）和式（3-2）判定试件是长圆筒还是短圆筒，然后分别按式（3-4）和式（3-5）或式（3-3）计算外压容器试件在失稳时的临界压力，填入表 3-2 中。

（3）利用外压圆筒的图算法（见图 3-3）计算外压容器试件的失稳时的临界压力，填入表 3-2 中。

（4）测量外压容器试件失稳后的波数，并利用式（3-6）计算试件失稳后的理论波数填入表 3-2 中。

（七）实验报告要求

（1）写出实验目的、实验内容、实验步骤、临界压力的计算步骤，按比例绘制外压容器试件失稳前后的横截面形状图。

（2）填写实验数据和计算数据表格。

（3）回答思考题。

思　考　题

1. 外压容器试件失稳后的波数与什么因素有关？

2. 外压容器试件失稳后除了波数外，试件的其他变形还与什么因素有关？

表 3 – 1　试件尺寸测量表 　　　　　　　　　　　　mm

测量次数	L_0	h_1	h_2	D_1	D_2
1					
2					
3					
平均值					

表 3 – 2　实验数据表

试件参数					临界压力实测数据/MPa	临界压力理论计算 P_{cr}/MPa			波数	
L/mm	D/mm	t/mm	L/D	D/t	P_{cr}	Mises	Pamm	图算法	实测	计算

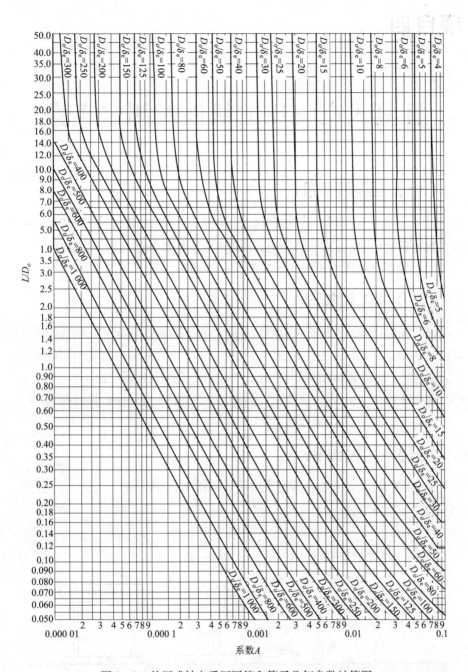

图 3-3　外压或轴向受压圆筒和管子几何参数计算图

项目四

往复式空气压缩机性能测定实验

（一）实验目的

（1）测量空气压缩机的性能参数，绘制空气压缩机的排气量 – 压力比（q_v – ε）、轴功率 – 压力比（N_Z – ε）、绝热轴效率 – 压力比（η_{ad} – ε）性能曲线。

（2）绘制空气压缩机闭式示功图（p – V 图）。

（二）实验内容

（1）通过调节储气罐出口阀门的开度，调节压缩机的排气压力（即改变压力比 ε），测定在不同压力比 ε 下的排气量 q_v、电机功率 Ne，计算出相应压力比下的排气量、轴功率和绝热轴效率 η_{ad}，绘制空气压缩机的排气量 – 压力比（q_v – ε）、轴功率 – 压力比（N_Z – ε）、绝热轴效率 – 压力比（η_{ad} – ε）性能曲线；

（2）绘制压缩机的示功图（封闭图形）。

（三）实验设备

往复式空气压缩机性能测定实验装置如图 4 – 1 所示。

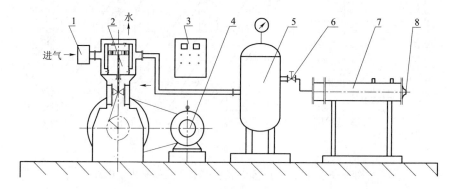

图 4 – 1　空气压缩机性能实验装置简图

1—吸气阀；2—空压机；3—电气控制箱；4—电动机；5—储气罐；

6—出口调节阀；7—低压箱；8—喷嘴

（四） 实验原理

（1）往复式空气压缩机实测排气量计算：

$$q_v = 1\,129 \cdot C \cdot d_0^2 \cdot \frac{T_{x1}}{P_1} \cdot \sqrt{\frac{\Delta P \cdot P_0}{T_1}} \qquad （\mathrm{m}^3/\mathrm{min}）$$

$$(4-1)$$

式中　d_0——喷嘴直径，本实验用喷嘴 $d_0 = 0.019\,05$ m；

　　　C——喷嘴系数，所用喷嘴系数先结合图 4-2 查出曲线名称，再查表
　　　　　4-1（图中压差单位为 mm 水柱）；

　　　T_{x1}——吸气温度，K；

　　　P_1——吸气压力，Pa；

　　　T_1——喷嘴前温度，K；

　　　P_0——实验现场大气压，Pa；（1 bar = 1 000 mbar = 1.02×10^5 Pa）

　　　ΔP——喷嘴前后压差，Pa；（1 mm $\mathrm{H_2O}$ = 9.087 Pa）

　　　q_v——排气量，$\mathrm{m}^3/\mathrm{min}$。

（2）电机输出功率的计算：

$$N_e = \sqrt{3} \cdot U \cdot I \cdot \cos\phi \cdot \eta / 1\,000 \qquad （\mathrm{kW}） \qquad (4-2)$$

式中　U——电压，V；

　　　I——电流，A；

　　　$\cos\phi$——功率因数，本实验取 $\cos\phi = 0.88$；

　　　η——电机效率，本实验取 $\eta = 0.882$。

（3）轴功率 N_Z 的计算：

$$N_Z = N_e \cdot \eta_c \qquad （\mathrm{kW}） \qquad (4-3)$$

式中　η_c——皮带效率，$\eta_c = 0.97$。

（4）理论绝热功率 N_{ad} 的计算：

$$N_{ad} = R_1 \cdot G_1 \cdot T_{x1} \cdot \frac{k}{k-1} \cdot \left[\left(\frac{P_2}{P_1} \right)^{\frac{k-1}{k}} - 1 \right] \times \frac{1}{60} \qquad （\mathrm{kW}） \quad (4-4)$$

式中　P_1——吸气压力，Pa；

　　　T_{x1}——吸气温度，K；

　　　P_2——排气压力，Pa；

　　　k——气体绝热指数，空气 $k = 1.4$；

　　　R_1——吸气状态下的气体常数，kJ/（kg·K）；

$$R_1 = \frac{0.286\,98}{1 - 0.378\phi_1 \cdot \dfrac{P_{s1}}{P_1}} \qquad [\mathrm{kJ/（kg \cdot K）}] \qquad (4-5)$$

式中　P_{s1}——吸气温度下的饱和水蒸气压，Pa；（可查《化工原理》）

　　　ϕ_1——吸入空气的相对湿度，%；

　　　G_1——压缩空气的质量流量，kg/min；

$$G_1 = q_v \cdot \rho_a + G_s \qquad (4-6)$$

式中　ρ_a——吸气状态下的空气密度，kg/m³；

　　　G_s——冷凝水量，kg/min。

$$G_s = \frac{1 - \lambda_\phi}{\lambda_\phi \cdot P_{s1}} \cdot P_1 \cdot \rho_{s1} \cdot q_v \qquad (4-7)$$

式中　ρ_{s1}——吸气状态下的饱和水蒸气密度，kg/m³；

　　　q_v——实测排气量，m³/min；

　　　λ_ϕ——凝析系数。

$$\lambda_\phi = \frac{P_1 - \phi_1 \cdot P_{s1}}{P_2 - P_{s2}} \cdot \frac{P_2}{P_1} \qquad (4-8)$$

式中　ϕ_1——吸入空气的相对湿度；

　　　P_{s1}——吸气温度下的饱和水蒸气压，Pa；

　　　P_{s2}——喷嘴前温度下的饱和水蒸气压，Pa。

（5）压缩机效率（绝热轴效率）：

$$\eta_{ad} = \frac{N_{ad}}{N_Z} \qquad (4-9)$$

式中　N_{ad}——理论绝热功率，kW；

　　　N_Z——轴功率，kW；

　　　η_{ad}——压缩机等熵轴效率。

（五）实验步骤

（1）启动工控机，运行"压缩机试验"程序，点击"试验"按钮进入试验条件输入画面，输入实验现场数据，如室温 t_1（℃）、大气压力 P_0（毫巴）、相对湿度 ϕ_1（%）。点击"确认"按钮进入实验界面。

（2）启动压缩机。

① 盘车——用手转动皮带轮一周以上。

② 将储气罐出口调节阀完全打开。

③ 顺时针转动电气控制箱上的"电源开关"，"电源指示"灯亮。

④ 打开冷却水阀门，电气控制箱上的"安全指示"灯亮。

⑤ 按下绿色"启动电机"按钮，启动压缩机，"运转指示"灯亮。

（3）点击"清空数据"按钮。

（4）调节储气罐出口阀门，改变排气压力 P_2，依次从 0.1 MPa 到

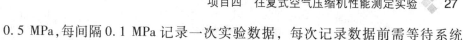

0.5 MPa，每间隔 0.1 MPa 记录一次实验数据，每次记录数据前需等待系统稳定后，再单击"记录"按钮。实验中，如发现有不正常现象要及时停车。

（5）停车。按下红色"关闭电机"按钮，关闭压缩机。逆时针转动电气控制箱上的"电源开关"，"电源指示"灯灭。关闭冷却水阀门。储罐内压缩空气自然放空（注意：此时不得转动储气罐出口调节阀）。

（六）数据记录和整理

（1）记录在不同压力比 ε 下，往复式空气压缩机的吸气压力 P_1、排气压力 P_2、吸气温度 T_{x1}、喷嘴前温度 T_1、喷嘴前后压差 ΔP 和电机电压 U 及电机电流 I，并将实验数据填入表 4-2 中。另外，测量室温 t_1、当地大气压 P_0、相对湿度 ϕ_1，填入表中相应处。

（2）按表 4-3 中计算公式计算各项数据并将结果填入该表。

（3）用坐标纸绘制压缩机性能曲线：横坐标为压力比 ε，纵坐标分别为排气量 q_v、轴功率 N_Z、绝热轴效率 η_{ad}。

（七）实验报告要求

（1）写出实验目的、实验内容、实验步骤。

（2）填写实验数据和计算数据表格。

（3）测量实验所需的各数据，计算各工况下的实验结果，分别填写表 4-2 和表 4-3。

（4）绘制往复式空气压缩机的排气量-压力比（$q_v - \varepsilon$）、轴功率-压力比（$N_Z - \varepsilon$）、绝热轴效率-压力比（$\eta_{ad} - \varepsilon$）性能曲线。

（5）分析图形，找出最佳压力比范围。

（6）回答思考题。

思 考 题

（1）压缩机的排气压力是怎样形成的？

（2）喷嘴法测量排气量的基本原理是什么？

（3）通过绘制出的往复式空气压缩机性能曲线图，分析该压缩机的最佳操作压力比范围。

（4）N_Z 与 N_{ad} 之间的差异反映了压缩机的什么损失？

表 4 - 1　喷嘴系数表

喷嘴直径/mm	A	B	C	D	E	F	G	H	I	J	K	L	M	N
19.05	0.968	0.971	0.974	0.976	0.977	0.978	0.979	0.980	0.982	0.983	0.984	0.985	0.986	0.987

表 4 - 2　实验数据纪录表

室温 $t_1 =$ _____ ℃；当地大气压 P_0 _____ Pa；相对湿度 ϕ_1 _____ %。

序号	吸气压力 P_1/Pa	排气压力 P_2/Pa	吸气温度 T_{x1}/℃	喷嘴前温度 T_1/℃	喷嘴前后压差 ΔP/Pa	电压 U/V	电流 I/A
1							
2							
3							
4							
5							

表 4 - 3　实验数据整理表

名称	符号	公式	单位	测量点数据			
吸气压力	P_1	（绝压——大气压）	Pa				
排气压力	P_2	（绝压）	Pa				
名义压力比	ε	P_2/P_1	—				
喷嘴前后压力差	ΔP	——	Pa				
喷嘴前温度	T_1	$t\,℃ + 273$	K				
吸气温度	T_{x1}	$t\,℃ + 273$	K				
实测排气量	q_v	$1\,129 C \cdot d_0^2 \cdot \dfrac{T_{x1}}{P_1} \cdot \sqrt{\dfrac{\Delta P \cdot P_0}{T_1}}$	m³/min				

名称	符号	公 式	单位	测量点数据				
电压	U	——	V					
电流	I	——	A					
电机输出功率	N_e	$\sqrt{3} \cdot I \cdot U \cdot \cos\phi \cdot \eta$	kW					
压缩机轴功率	N_Z	$N_e \cdot \eta_c$ （$\eta_c = 0.97$）	kW					
喷嘴前温度下饱和水蒸气压力	P_{s2}	（查《化工原理》）	Pa					
吸气温度下饱和水蒸气压力	P_{s1}	（查《化工原理》）	Pa					
凝析系数	λ_ϕ	$\dfrac{P_1 - \phi_1 \cdot P_{s1}}{P_2 - P_{s2}} \cdot \dfrac{P_2}{P_1}$	—					
空气相对湿度	ϕ_1	取实测值	%					
吸气状态下气体常数	R_1	$R_1 = \dfrac{0.286\,98}{1 - 0.378\phi_1 \cdot \dfrac{P_{s1}}{P_1}}$	kJ/(kg·K)					
冷凝水量	G_s	$\dfrac{1 - \lambda_\phi}{\lambda_\phi \cdot P_{s1}} \cdot P_1 \cdot \rho_{s1} \cdot q_v$	kg/min					
进口气体质量流量	G_1	$q_v \cdot \rho_a + G_s$	kg/min					
吸气状态下气体密度	ρ_a	（查《化工原理》）	kg/m³					
等熵功率	N_{ad}	$R_1 \cdot G_1 \cdot T_{x1} \cdot \dfrac{k}{k-1} \cdot \left[\left(\dfrac{P_2}{P_1}\right)^{\frac{k-1}{k}} - 1 \right] \times \dfrac{1}{60}$	kW					
压缩机效率	η_{ad}	即绝热轴效率 N_{ad}/N_Z	——					

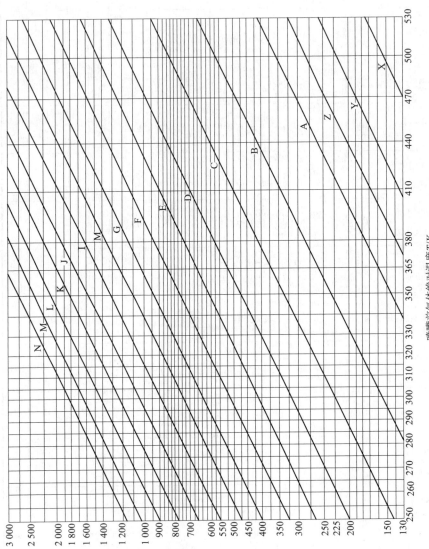

喷嘴前气体绝对温度 T/K

图 4-2　喷嘴系数图线

项目五

过程设备与控制综合实验

（一）过程设备与控制多功能综合实验台简介

过程设备与控制多功能综合实验台由动力系统（电机和多级泵）、换热系统、加热系统、数据采集系统、测试系统以及控制系统等组成，是一套实用性很强的实验装置。它不仅能够满足本科生教学实验的要求，还能为换热器的结构设计、性能检测、微机自动控制等多方面的科研工作提供硬件及软件平台。实验台在硬件和软件方面涉及变频控制技术，压力、流量、温度、转速及转矩的测试技术，微机数据采集技术和过程控制技术，以及微机通信技术等，是比较典型的集过程、设备及控制于一体的多学科交叉实验装置。

过程设备与控制多功能综合实验台的特点如下。

1. 实验功能多，综合性能强

本实验台有机地结合了传统的化工机械实验（如离心泵性能测定实验、应力测定实验）、工艺性能实验（如换热实验、流体传热膜系数测定实验、压力降测试实验）和各种参数控制实验（如压力、温度、流量控制等），真正做到了一机多用。另外，实验台各组件均为实物构件，学生通过实验也取得了对其中的设备、机泵、各种传感器，其他检测与控制仪器、仪表的感性认识。

2. 实验方案多，学生参与性强

由于控制参数多、管路布置巧妙，学生可以自己选择或设计实验方案，大大提高了学生参与性和实验内容的多样性。

3. 可拆换组件多，与科研的互动性强

实验台上的泵、换热器、阀门及各种控制、检测元件可以自由拆换，因此，在实验台上可以进行多项科研工作。研究结果反过来又可以用于本科教学。

4. 对学生开放实验，进行计算机数字直接控制（DDC）编程和实验

过程设备与控制多功能综合实验台结构如图 5-1 所示，过程设备与控制多功能综合实验台操作面板如图 5-2 所示，过程设备与控制多功能综合实验台实验流程图如图 5-3 所示。

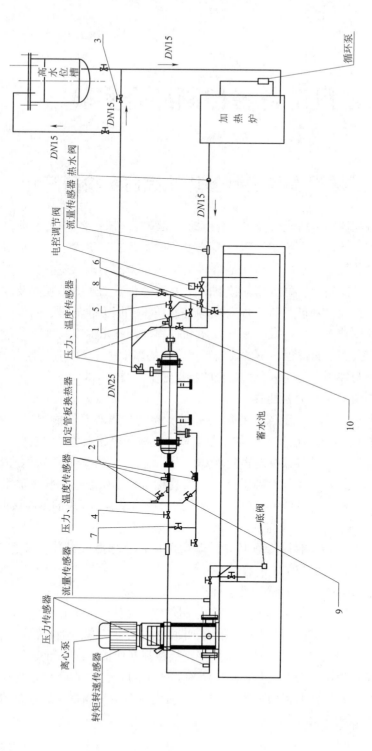

图 5-1 过程设备与控制多功能综合实验台结构图

1—热流体管程入口阀；2—热流体管程出口阀；3—热流体回流阀；4—冷流体管程入口阀；5—冷流体管程出口阀；6—管程流量调节阀；7—冷流体壳程入口阀；8—冷流体壳程出口阀；9—热流体壳程出口阀；10—热流体壳程入口阀

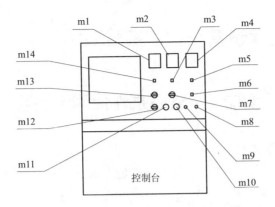

图5-2　过程设备与控制多功能综合实验台操作面板图

m1—管程出口温度显示 T2；m2—冷水泵流量显示 q_v1；m3—流量自动/手动调节按钮，弹起时为手动，按下后为自动；m4—冷水泵出口压力显示 P2；m5—压力自动/手动调节按钮，弹起时为手动，按下后为自动；m6—控制方式选择按钮，弹起时为分布式控制（DCS），按下后为计算机直接数字控制（DDC）；m7—冷水泵运行方式开关，向上为工频运转方式，向右为变频调速运转方式，中间为空挡；m8—压力调节旋钮（调节冷水泵的转速）；m9—流量调节旋钮（调节电动调节阀的开度）；m10—冷水泵关闭按钮；m11—冷水泵启动按钮；m12—循环泵开关按钮，顺时针转为开启，逆时针转为关闭；m13—热水泵开关按钮，顺时针转为开启，逆时针转为关闭；m14—总控制开关，顺时针转为开启，逆时针转为关闭

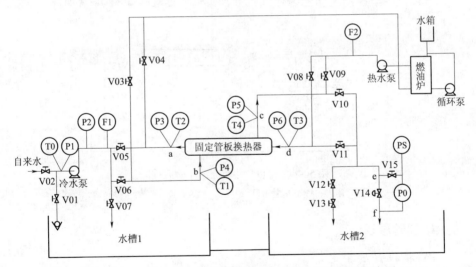

图5-3　过程设备与控制多功能综合实验台实验流程示意图

P0—调节阀两端差压；P1—冷水泵进口压力；P2—冷水泵出口压力；P3—换热器管程出口压力；P4—换热器壳程进口压力；P5—换热器壳程出口压力；P6—换热器壳程进口压力；PS—压力开关；T0—冷水泵进口温度；T1—换热器壳程进口温度；T2—换热器管程出口温度；T3—换热器管程进口温度；T4—换热器壳程出口温度；F1—冷水泵流量；F2—热水泵流量；V14—电动调节阀

（二）过程设备与控制实验项目

实验1　离心泵性能测定实验

1. 实验目的

（1）测定离心泵在恒定转速下的性能，绘制离心泵的扬程－流量（$H-q_v$）曲线，轴功率－流量（$N-q_v$）曲线及泵效率－流量（$\eta-q_v$）曲线。

（2）掌握离心泵性能的测量原理及操作方法，巩固离心泵的有关知识。

2. 实验内容

在离心泵恒速运转时，由大到小（或由小到大）调节离心泵出口阀，依次改变泵流量，测量各工况下离心泵的进口压力、出口压力、流量、转矩、转速等参数，分别计算离心泵的扬程、功率和效率并绘制离心泵的性能曲线。

3. 实验装置

过程设备与控制多功能综合试验台，实验装置流程如图5－4所示。

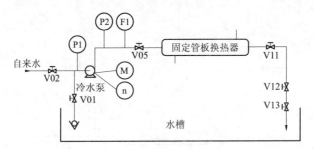

图5－4　离心泵性能测定实验流程图

P1—水泵进口压力；P2—水泵出口压力；F1—水泵流量；M—转矩；n—转速

4. 实验原理

1）扬程 H 的测定

根据伯努利方程，泵的扬程 H 可由下式计算：

$$H = \frac{p_{\text{out}} - p_{\text{in}}}{g \cdot \rho} + \frac{c_{\text{out}}^2 - c_{\text{in}}^2}{2g} + (Z_{\text{out}} - Z_{\text{in}}) \qquad (5-1)$$

式中　H——离心泵扬程，m 水柱；

p_{in}——离心泵进口压力（为负值），Pa；

p_{out}——离心泵出口压力，Pa；

c_{in}——离心泵在进口压力测量点处，管内水的流速，m/s；

c_{out}——离心泵出口压力测量点处管内水的流速，m/s；

Z_{in}——离心泵进口压力测量点距泵轴中心线的垂直距离，m；

Z_{out}——离心泵出口压力测量点距泵轴中心线的垂直距离，m；

ρ——水的密度，$\rho = 1\ 000$ kg/m^3；

g——重力加速度，9.81 m/s^2。

其中，　　　$c_{in} = 10^{-3} \times q_v/A_{in}$；

$$A_{in} = \pi/4 \times d_{in}^2，m^2$$

式中　q_v——泵的流量，L/s；

A_{in}——入口处管线横截面积，m^2；

d_{in}——入口处管线内径。

其中，　　　$c_{out} = 10^{-3} \times q_v/A_{out}$；

$$A_{out} = \pi/4 \times d_{out}^2，m^2$$

式中　A_{out}——出口处管线横截面积，m^2；

d_{out}——出口处管线内径。

在本实验装置中，$Z_{out} - Z_{in} = 0$，泵进口压力测量点处管内径 $d_{in} = 32$ mm，泵出口压力测量点处管内径 $d_{out} = 25$ mm。

2）离心泵功率测定

（1）离心泵轴功率 N：

$$N = \frac{M \cdot n}{9\ 554} \quad (\text{kW}) \tag{5-2}$$

式中　M——转矩，N·m；

n——泵转速，r/min。

（2）离心泵有效功率 N_e：

$$N_e = \frac{H \cdot q_v \cdot \rho \cdot g}{1\ 000 \times 1\ 000} \quad (\text{kW}) \tag{5-3}$$

式中　q_v——流量，L/s。

3）离心泵效率 η

$$\eta = \frac{N_e}{N} \times 100\% \tag{5-4}$$

4）离心泵比例定律

$$\frac{q_v'}{q_v} = \frac{n'}{n} \tag{5-5}$$

$$\frac{H'}{H} = \left(\frac{n'}{n}\right)^2 \tag{5-6}$$

$$\frac{N'}{N} = \left(\frac{n'}{n}\right)^3 \tag{5-7}$$

以上 3 式中 n——离心泵的额定转速，r/min；

n'——离心泵的实测转速，r/min；

q_v，H，N——离心泵在额定转速下的流量、扬程和功率，单位分别为 L/s，m，kW；

q_v'，H'，N'——离心泵在非额定转速下的实测流量、扬程和功率，单位分别为 L/s，m，kW。

离心泵扬程、轴功率及效率的计算示例见本项目计算示例中 3.1。

5. 实验步骤

（1）打开阀门 V05、V11、V12，关闭其他所有阀门。

（2）灌泵。打开自来水阀门 V02，旋开冷水泵排气阀放净空气，放完泵内空气后关闭，保证离心泵中充满水，再关闭自来水阀门 V02。

（3）开启工控机，进入过程设备与控制综合实验程序，选择离心泵性能测定实验进入实验界面，单击"清空数据"按钮清空数据库。

（4）启动冷水泵。将水泵运行方式开关"m7"旋向"工频"，选择工频运转方式，然后按下水泵启动按钮"m11"，冷水泵开始运转。

（5）调节冷水泵出口流量调节阀 V13，改变冷水泵流量 q_v'，依次从 0.5 L/s 到 2.5 L/s，每间隔 0.4 L/s 记录一次数据，记录数据时要单击"记录"按钮。

（6）关闭冷水泵。打开阀门 V13，按下水泵关闭按钮"m10"，冷水泵停止运转。

6. 数据记录和整理

记录泵流量 q_v、泵进口压力 p_{in}、泵出口压力 p_{out}、泵转矩 M 和泵转速 n，分别将实验数据和计算结果分别填入数据表 5-1 和表 5-2 中。实验用离心泵的额定转速为 2 900 r/min，若实测转速与额定转速不符，应按比例换算式（5-5）、式（5-6）、式（5-7）将非额定转速下的流量、扬程及功率换算成在额定转速下的流量、扬程及功率，填入表 5-3 中，并依此数据绘制离心泵的性能曲线。

表5-1　实验测量结果

项目 次数	流量 q_v' / (L·s^{-1})	泵进口压力 p_{in} / Pa	泵出口压力 p_{out} / Pa	转矩 M / (N·m)	转速 n / (r·min^{-1})
1					
2					
3					
4					
5					
6					
7					

表5-2　实验计算结果

项目 次数	流量 q_v' / (L·s^{-1})	扬程 H' /m	轴功率 N' /kW	有效功率 N_e' /kW	效率 η' /%
1					
2					
3					
4					
5					
6					
7					

表5-3　离心泵在额定转速下的实验结果

项目 次数	流量 q_v / (L·s^{-1})	扬程 H /m	轴功率 N /kW	有效功率 N_e /kW	效率 η /%
1					
2					
3					
4					
5					
6					
7					

7. 实验报告要求

（1）简述实验原理、实验步骤，计算各工况下的实验结果。

（2）绘制 $H-q_v$、$N-q_v$、$\eta-q_v$ 曲线。

（3）回答思考题。

思 考 题

1. 离心泵的性能曲线有何作用？

2. 离心泵启动前为什么要引水灌泵？

实验 2 离心泵汽蚀性能测定实验

1. 实验目的

（1）测定离心泵的汽蚀性能，绘制离心泵汽蚀性能曲线（$NPSH_r-q_v$）。

（2）掌握离心泵汽蚀性能的测量原理及操作使用方法，巩固离心泵的有关知识。

2. 实验内容

离心泵恒速运转时，分别在离心泵进水阀处于不同开度时，由小到大连续调节离心泵出口阀门开度，使泵流量由小到大连续增加，直到离心泵出现汽蚀。绘制此过程中在泵进水阀处于不同开度时，泵的扬程-流量（$H-q_v$）实时曲线，测量离心泵在不同流量下的进口压力、流量及泵进口温度等参数。根据离心泵扬程-流量（$H-q_v$）实时曲线上的汽蚀点处的流量值，计算离心泵的有效汽蚀余量 $NPSH_a$，绘制离心泵必需的汽蚀余量-流量性能曲线（$NPSH_r-q_v$）。

测量参数：离心泵进口水温 T_0，离心泵进口压力 p_s，离心泵出口流量 q_v。

3. 实验装置

过程设备与控制多功能综合试验台，实验装置流程如图 5-5 所示。

4. 实验原理

1）汽蚀现象机理

离心泵运转时，由于叶轮的高速转动提升了液体的流速，使得泵进口处的液体压力逐渐下降，到叶轮进口附近时液体的压力下降到最低点 p_k。若 p_k 小于液体温度下的饱和蒸汽压 p_v 时，液体就会汽化，同时溶解在液体中的气

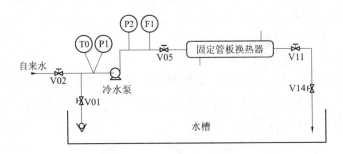

图 5 – 5　离心泵汽蚀实验装置流程图

V01—离心泵进口闸阀；V05—离心泵出口调节阀；T0—离心泵进口温度传感器；

P1—离心泵进口压力传感器；P2—离心泵出口压力传感器；F1—涡轮流量传感器

体也随之逸出，形成许多气泡。当气泡随液体流到叶轮流道内高压区域时，气泡就会凝结溃灭形成空穴。空穴周围的液体质点瞬间内以极高的速度冲向空穴，造成液体互相撞击，使该处的局部压力骤然剧增，阻碍了液体的正常流动。如果气泡在叶轮壁面附近溃灭，则液体就会像无数颗弹头一样连续地打击金属表面，其撞击频率高达上千赫兹。金属表面会因冲击疲劳而剥裂。若气泡内夹杂某些活性气体，就会借助气泡凝结放出的热量对金属造成电化学腐蚀。上述两种对金属的破坏现象称为汽蚀。

2）汽蚀性能参数

（1）有效汽蚀余量 $NPSH_a$。

有效汽蚀余量 $NPSH_a$ 是指吸入液面上的压力水头在克服泵进口管路的流动阻力，并把水提升到泵轴线高度后，所剩余的超过液体汽化压力 p_v 的能量，即：

$$NPSH_a = \frac{p_s}{\rho \cdot g} + \frac{c_s^2}{2g} - \frac{p_v}{\rho \cdot g} \qquad (\text{m}) \qquad (5-8)$$

式中　p_s——液流在泵入口的压力，Pa；

　　　p_v——液流在泵入口温度下的汽化压力，Pa；

　　　c_s——液流在泵入口处的速度，m/s。

有效汽蚀余量 $NPSH_a$ 的大小与泵的安装高度、吸入管路阻力损失、液体的性质和温度等有关，与泵本身的结构尺寸等无关，故称为泵吸入装置的有效汽蚀余量。

（2）泵必需的汽蚀余量 $NPSH_r$。

泵内压强最低点位于叶轮流道内，紧靠叶片进口边缘处，低于泵吸入口的压强。泵吸入口与压强最低点二者之间的总压降就称为必需的汽蚀余量。

$NPSH_r$ 值取决于泵吸入室和叶轮进口处的几何形状，与吸入管路无关。泵的 $NPSH_r$ 值越小，该泵防汽蚀的性能越好，泵愈不易发生汽蚀。$NPSH_r$ 通常由泵制造厂在设计制造时，通过试验测出。

（3）临界汽蚀余量 $NPSH_c$。

当泵的有效汽蚀余量 $NPSH_a$ 降低到使泵内压强最低点的液体压强等于该温度下的汽化压强时，液体开始汽化。此时的 $NPSH_a$ 就是使泵不发生汽蚀的临界值，称为临界汽蚀余量，即：

$$NPSH_a = NPSH_r = NPSH_c \tag{5-9}$$

当 $NPSH_a > NPSH_r$ 时，泵内不发生汽蚀，而当 $NPSH_a \leq NPSH_r$ 时，泵内将发生汽蚀。通过汽蚀实验确定的就是这个汽蚀余量的临界值。

5. 实验步骤

（1）打开球阀 V05、V11，顺时针转动闸阀 V01 手轮使其完全关闭，再逆时针旋转 2 圈。逆时针转动流量调节旋钮 "m9" 到底，使调节阀 V14 关闭。关闭其他阀门。

（2）灌泵。打开自来水阀门 V02，旋开冷水泵排气阀放净空气，放完泵内空气后关闭。保证离心泵中充满水，再关闭自来水阀门 V02。

（3）开启工控机，进入过程设备与控制综合实验程序，选择离心泵汽蚀性能测定实验。进入实验界面，单击 "清空数据" 按钮，清空数据库。

（4）将操作台面板上的水泵运行方式开关 "m7" 旋向 "工频"，选择工频运转方式，然后按下水泵启动按钮 "m11"，启动冷水泵。

（5）将流量控制按钮 "m9" 顺时针旋至最大，再单击 "记录" 按钮，观察离心泵扬程 – 流量（$H - q_v$）实时曲线，直到（$H - q_v$）曲线发生陡降，陡降点即为临界汽蚀点，点击 "停止" 按钮停止记录。

（6）逆时针转动流量调节按钮 "m9" 到底，将电动调节阀 V14 关闭。顺时针转动闸阀 V01 手轮半圈，然后重复实验步骤（5）、（6），直至不发生汽蚀时为止。

（7）关闭冷水泵。按下水泵关闭按钮 "m10"，关闭冷水泵。

6. 数据记录和整理

（1）在离心泵进水阀 V01 处于不同开度时，将离心泵在不同流量下的进口压力、流量及泵进口温度等测量参数填入表 5 – 4 中。

（2）计算在离心泵进水阀 V01 处于不同开度时泵必需的汽蚀余量 $NPSH_r$，由于在临界汽蚀点处，有效汽蚀余量 $NPSH_a$、泵必需的汽蚀余量 $NPSH_r$ 和临界汽蚀余量 $NPSH_c$ 三者相等，故可用式（5 – 8）计算泵必需的汽蚀余量

$NPSH_r$，其中泵入口流速 c_s 由泵流量除以泵进口管截面积得到，泵进口管路为 DN 32。计算结果填入表 5 - 5。

（3）依据表 5 - 5 的数据，在方格纸上绘制离心泵汽蚀性能曲线（$NPSH_r - q_v$）图。

（4）回答思考题。

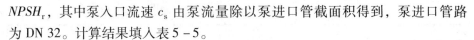

思 考 题

1. 为什么在离心泵临界汽蚀点处，有效汽蚀余量 $NPSH_a$ 和泵必需的汽蚀余量 $NPSH_r$ 相等？

2. 从汽蚀性能曲线（$NPSH_r - q_v$）图上看，离心泵运转时的流量在曲线左边不会出现汽蚀，而在曲线右边会出现汽蚀，为什么？

表 5 - 4　离心泵汽蚀性能实验记录数据

泵进口阀门状态	测量参数	实验数据
泵进水阀 V01 开度 1	泵流量 q_v/（L·s^{-1}）	
	泵进口压力 p_s/ Pa	
	泵进口温度 T_0/℃	
泵进水阀 V01 开度 2	泵流量 q_v/（L·s^{-1}）	
	泵进口压力 p_s/ Pa	
	泵进口温度 T_0/℃	
泵进水阀 V01 开度 3	泵流量 q_v/（L·s^{-1}）	
	泵进口压力 p_s/ Pa	
	泵进口温度 T_0/℃	
泵进水阀 V01 开度 4	泵流量 q_v/（L·s^{-1}）	
	泵进口压力 p_s/ Pa	
	泵进口温度 T_0/℃	
泵进水阀 V01 开度 5	泵流量 q_v/（L·s^{-1}）	
	泵进口压力 p_s/ Pa	
	泵进口温度 T_0/℃	
泵进水阀 V01 开度 6	泵流量 q_v/（L·s^{-1}）	
	泵进口压力 p_s/ Pa	
	泵进口温度 T_0/℃	

表 5 – 5　离心泵汽蚀性能实验结果数据

次数 项目	1	2	3	4	5	6
泵流量 $q_v/ (\text{L} \cdot \text{s}^{-1})$						
泵必需的汽蚀 余量 $NPSH_r/\text{m}$						

实验3　调节阀流量特性实验

1. 实验目的

（1）掌握电动调节阀流量特性的测量方法。

（2）测量电动调节阀的流量特性，分析调节阀的理想流量特性和串联工作流量特性的区别以及调节阀流量特性对控制过程的影响。

2. 实验设备

过程设备与控制多功能综合实验台，实验流程如图 5 – 6 所示。

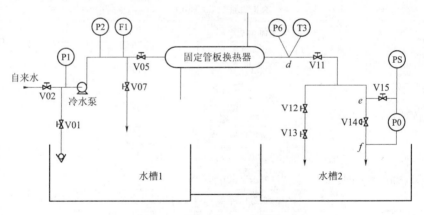

图 5 – 6　调节阀流量特性实验流程图

P0—调节阀两端差压；P2—冷水泵出口压力；P6—换热器管程出口 d 点压力；

F1—冷水泵流量；V14—电动调节阀；PS—超压力保护开关

3. 实验内容

（1）调节阀理想流量特性曲线的测取。从小至大改变调节阀的相对开度时，通过调节水泵转速，使得调节阀前后压差 Δp_v 保持恒定，测量调节阀在不同的相对开度下流经调节阀的相对流量值。绘制调节阀理想流量特性曲线。

（2）调节阀在串联管路中的工作流量特性曲线的测取。在管路系统总压不变的情况下，测量调节阀在不同的相对开度下流经调节阀的相对流量值。通过设定不同的管路系统总压力，可测量出在不同 s 值下的调节阀的工作流量特性曲线图。

4. 实验原理

调节阀的流量特性是指流过阀门的介质相对流量与阀门的相对开度之间的关系，表示为：

$$\frac{q_{\mathrm{v}}}{q_{\mathrm{v\,max}}} = f\left(\frac{l}{L}\right) \tag{5-10}$$

式中　$q_{\mathrm{v}}/q_{\mathrm{v\,max}}$——相对流量；

　　　q_{v}——阀在某一开度时的流量；

　　　$q_{\mathrm{v\,max}}$——阀在全开时的流量；

　　　l/L——阀的相对开度；

　　　l——阀在某一开度时阀芯的行程；

　　　L——阀全开时阀芯的行程。

1）调节阀的理想特性

在调节阀前后压差 Δp_{v} 不变的情况下，调节阀的流量曲线称为调节阀的理想流量特性。根据调节阀阀芯形状不同，调节阀有快开型、直线型、抛物线型和等百分比型等四种理想流量曲线。本实验使用的调节阀为等百分比流量特性，如图 5 - 7 中的曲线 4，其相对开度与相对流量之间的关系如式 5 - 11：

$$\frac{q_{\mathrm{v}}}{q_{\mathrm{v\,max}}} = R^{\left(\frac{l}{L}-1\right)} \tag{5-11}$$

调节阀理想特性曲线的测试实验就是在保持调节阀前后压差 Δp_{v} 恒定的情况下，测量调节阀相对开度 l/L 与相对流量 $q_{\mathrm{v}}/q_{\mathrm{v\,max}}$ 之间的关系。

2）调节阀在串联管道中的工作特性

调节阀在串联管道中的连接如图 5 - 8 所示。在实际生产过程中由于调节阀前后管路阻力造成的压力降，使调节阀的前后压差 Δp_{v} 产生变化，此时调节阀的流量特性称为工作特性。

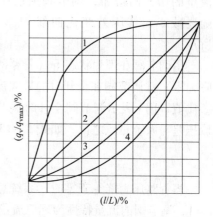

图 5 - 7　调节阀的理想流量特性曲线
1—快开型；2—直线型；
3—抛物线型；4—等百分比型

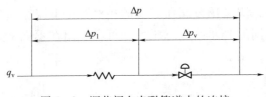

图 5 - 8　调节阀在串联管道中的连接

当调节阀在串联管路中时，系统的总压差等于管路的压力降与调节阀前后压差之和，如式 5 - 12：

$$\Delta p = \Delta p_1 + \Delta p_v \qquad (5 - 12)$$

式中　Δp ——系统总压差；

　　　Δp_1 ——管路压力降；

　　　Δp_v ——调节阀前后压差。

串联管路中管路压力降与通过流量的平方成正比，若系统总压差不变，当调节阀开度增加时，管路压力降将随着流量的增大而增加，调节阀前后压差则随之减小，其压差变化曲线如图 5 - 9 所示。

用调节阀在理想状态下（管路的压力降为零）且调节阀在全开时的最大流量为参比值，用 s 表示调节阀全开时调节阀前后压差与系统总压之比，如式 5 - 13：

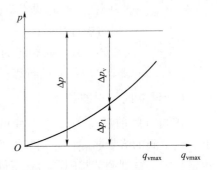

图 5 - 9　调节阀在串联管道中的
压差变化曲线

$$s = \frac{\Delta p_v}{\Delta p} \qquad (5 - 13)$$

当管路压力降等于零时，系统总压差全部落在调节阀上 $\Delta p = \Delta p_v$，此时 $s = 1$，调节阀的流量特性为理想流量特性。

当管路压力降大于零时，系统总压分别落在管路和调节阀上 $\Delta p = \Delta p_1 + \Delta p_v$，此时 $s < 1$，调节阀的流量特性为工作流量特性。

实验中的 Δp 是指换热器管程出口处 d 点经阀门 V11 到 e 点，再到调节阀 V14 出口 f 点的压差之和；Δp_v 指调节阀 V14 两端 e、f 之间的压差。如图 5 - 6 所示。

5. 实验步骤

1）调节阀的理想流量特性实验步骤

（1）打开 V05、V11、V15，关闭其他阀门，使冷流体走管程。

（2）灌泵。打开自来水阀门 V02，旋开冷水泵排气阀放净空气，待放完泵内空气后关闭，保证离心泵中充满水，再关闭自来水阀门 V02。

（3）按下操作台面板上的"控制方式"按钮，选择 DDC 控制方式。

（4）启动冷水泵。将水泵运行方式开关"m7"旋向"变频运行"，选择变频运转方式，然后按下冷水泵启动按钮"m11"。

（5）开启工控机，进入过程设备与控制综合实验程序，选择调节阀流量特性实验，进入实验界面。

（6）向右移动"阀门开度"移动条至 100%，使调节阀 V14 全开；再向右移动"压力调节"移动条至 100%，使离心泵全速运转。

注意：调整"压力调节"移动条应轻缓，避免差压变送器过载导致超压保护开关 PS 动作，造成停泵。

（7）记下此时调节阀压差 Δp_v 值作为"基准值"。

（8）单击"开始"按钮。单击"理想特性"按钮，数据稳定后，单击"初值采集"按钮；单击"记录"按钮记录最大流量 q_{vmax}。

（9）向左移动"压力调节"移动条约 10%，向左移动"阀门开度"移动条，使调节阀 V14 开度减小 10%。

（10）移动"压力调节"移动条，使调节阀 V14 两端压差等于步骤（7）中的基准 Δp_v 值。

（11）数据稳定后，单击"记录"按钮，记录调节阀在此开度时的流量值。重复步骤（8）～（10），直至调节阀 V14 开度为零，将数据填入表 5 - 6 中。

不要退出程序，继续做电动调节阀的工作流量特性实验。

2）电动调节阀的工作流量特性实验步骤

调节阀的工作流量特性实验是在不同的 s 值下分别进行的，s 可取 0.8、0.6、0.4，s 值的大小通过改变调节阀前后压差 Δp_v 得到，计算如式（5 - 13）。

实验步骤如下。

（1）单击"开始"按钮。单击"工作特性"按钮。

（2）移动"阀门开度"移动条，使调节阀 V14 开度为 100%。

（3）移动"压力调节"移动条，使系统总压差 Δp 达到"基准值"。

（4）根据 s 值手动减小阀门 V11 的开度，使调节阀压差 $\Delta p_v = s \cdot \Delta p$（kPa）。

（5）重复步骤（2）、（3）直至使系统总压差 Δp = "基准值"，$\Delta p_v = s \cdot \Delta p$（kPa）。单击"计算 s"按钮，系统稳定后，单击"记录"按钮。

（6）向左移动"压力调节"移动条约 10%，移动"阀门开度"移动条，使调节阀门 V14 开度减小 10%。

（7）移动"压力调节"移动条，使系统总压差 Δp 维持"基准值"不变。

（8）系统稳定后，单击"记录"按钮。

（9）重复步骤（6）~（8），直至阀门开度为零。

（10）将数据填入表5-7中。

利用相同方法可生成不同 s 值的电动调节阀的工作流量特性实验曲线。

3）结束实验

单击"保存数据"。单击"退出"。关闭 V14 电动调节阀两侧的阀门。打开阀门 V07，关闭差压传感器阀，按下水泵关闭按钮"m10"，关闭冷水泵。退出实验程序界面。弹出"m6"开关。

6. 数据记录和整理

（1）在调节阀前后压差 Δp_v 不变的情况下，计算调节阀理想流量特性实验数据中的相对流量值，并填入表5-6中。在方格纸上绘制调节阀理想流量特性——相对开度（l/L）与相对流量（q_v/q_{vmax}）关系曲线。

（2）在管路系统总压不变情况下，将不同 s 值的实验数据填入表5-7中并计算出相对流量值，用方格纸在同一坐标系上绘制出调节阀在串联管路中的工作流量特性曲线组——相对开度（l/L）与相对流量（q_v/q_{vmax}）关系曲线。

7. 实验报告要求

（1）写出实验目的、实验内容、实验步骤。

（2）绘制调节阀的理想流量特性曲线和调节阀串联工作流量特性曲线组。

（3）根据调节阀的理想流量特性曲线，判断阀体是快开型、直线型、抛物线型还是等百分比型的。

（4）根据调节阀的工作流量特性曲线，分析管路参数对调节阀调节性能的影响。

（5）回答思考题。

思　考　题

1. 调节阀的理想流量特性取决于什么？

2. 在串联管道中，调节阀前后压差与哪些因素有关，为什么？

3. 调节阀理想流量特性曲线与工作流量特性曲线的差异是什么原因造成的？

4. s 的大小对调节系统会产生什么影响？

表5-6 调节阀的理想流量特性数据处理记录表

最大流量/（L·s⁻¹）	$q_{v\,max}=$					压差基准值/kPa			$\Delta p_v=$		
相对开度/%	0	10	20	30	40	50	60	70	80	90	100
实测流量/（L·s⁻¹）											
相对流量/%											

表5-7 电动调节阀的工作流量特性数据处理记录表

最大流量/（L·s⁻¹）	$q_{v\,max}=$										
相对开度/%	0	10	20	30	40	50	60	70	80	90	100
实测流量/（L·s⁻¹）											
相对流量/%											
系统总压差/kPa	$\Delta p=$					压力比		$s=\Delta p_v/\Delta p=1$			
相对开度/%	0	10	20	30	40	50	60	70	80	90	100
实测流量/（L·s⁻¹）											
相对流量/%											
系统总压差/kPa	$\Delta p=$					压力比		$s=\Delta p_v/\Delta p=0.8$			
相对开度/%	0	10	20	30	40	50	60	70	80	90	100
实测流量/（L·s⁻¹）											
相对流量/%											
系统总压差/kPa	$\Delta p=$					压力比		$s=\Delta p_v/\Delta p=0.6$			
相对开度/%	0	10	20	30	40	50	60	70	80	90	100
实测流量/（L·s⁻¹）											
相对流量/%											
系统总压差/kPa	$\Delta p=$					压力比		$s=\Delta p_v/\Delta p=0.4$			
相对开度/%	0	10	20	30	40	50	60	70	80	90	100
实测流量/（L·s⁻¹）											
相对流量/%											

实验4 换热器换热性能实验

1. 实验目的

（1）掌握传热驱动力的概念及其对传热速率的影响。

（2）测试换热器的换热能力。

2. 实验内容

在换热器冷流体温度、流量和热流体流量恒定的工况下，依次改变热流体的温度，分别测量各工况下换热器的管程和壳程进、出口温度及管、壳程的流量，计算热流体放出的热量和冷流体获得的热量以及热损失。

3. 实验装置

过程设备与控制多功能实验台，实验流程如图5-10所示。

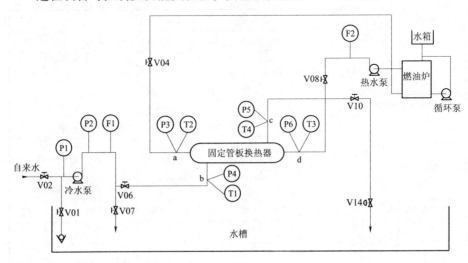

图5-10 换热器换热性能实验流程

4. 实验原理

换热器工作时，冷、热流体分别处在换热管管壁的两侧，热流体把热量通过管壁传给冷流体，形成热交换。若换热器没有保温，存在热损失量 ΔQ 时，则热流体放出的热量大于冷流体获得的热量。

热流体放出的热量为：

$$Q_t = m_t \cdot c_{pt} \cdot (T_1 - T_2) \qquad (5-14)$$

式中　Q_t——单位时间内热流体放出的热量，kW；

　　　m_t——热流体的质量流率，kg/s；

　　　c_{pt}——热流体的定压比热，kJ/（kg·K），在实验温度范围内可视为常数；

　　　T_1，T_2——热流体的进、出口温度，K 或℃。

冷流体获得的热量为：

$$Q_s = m_s \cdot c_{ps} \cdot (t_2 - t_1) \qquad (5-15)$$

式中　Q_s——单位时间内冷流体获得的热量，kW；

m_s——冷流体的质量流率，kg/s；

c_{ps}——冷流体的定压比热，kJ/（kg·K），在实验温度范围内可视为
常数；

t_1，t_2——冷流体的进、出口温度，K 或℃。

损失的热量为：

$$\Delta Q = Q_t - Q_s \qquad (5-16)$$

冷、热流体间的温差是传热的驱动力，对于逆流传热，平均温差为：

$$\Delta t_m = \frac{\Delta t_1 - \Delta t_2}{\ln(\Delta t_1/\Delta t_2)} \qquad (5-17)$$

式中 $\Delta t_1 = T_1 - t_2$；

$\Delta t_2 = T_2 - t_1$。

传热速率 Q 与 Δt_m 之间的关系见实验 5 中式（5-18）。

本实验着重考察传热损失速率 ΔQ 和传热驱动力 Δt_m 之间的关系，同时考察热流体放出的热量 Q_t 与 Δt_m 之间的关系。

有关 Q_t、ΔQ、Δt_m 的理论计算见本项目中（三）计算示例的 3.3。

5. 实验步骤

（1）开启燃油炉，设置温度上限 75 ℃，设置温度下限 70 ℃。

（2）开启工控机，进入过程设备与控制综合实验程序，选择换热器换热性能实验，进入实验界面，单击"清空数据"按钮清空数据库。单击"实验"按钮，进入温差曲线界面。

（3）打开阀门 V06、V10、V04、V08，其他阀门均关闭，使冷流体走换热器壳程，并经调节阀 V14 流回水箱，热流体走换热器管程流程如图 5-10 所示。

（4）灌泵。打开自来水阀门 V02，旋开冷水泵排气阀放净空气，放完泵内空气后关闭，保证离心泵中充满水，再关闭自来水阀门 V02。

（5）启动冷水泵。将水泵运行方式开关"m7"旋向"变频运转"，选择变频运转方式，然后按下冷水泵启动按钮"m11"，分别调节压力调节旋钮"m8"和流量调节旋钮"m9"，使冷水泵出口压力（m4 表）保持在 0.4 MPa，冷水泵出口流量（m2 表）保持在 1.0 L/s。

（6）当燃油炉内水温达到温度上限，燃油炉停机后，按一下燃油炉上"Enter"键，确认燃油炉关闭。顺时针转动开关"m12"开启循环泵，燃油炉内热水温度均匀后，逆时针转动开关"m12"关闭循环泵，再顺时针转动开关"m13"开启热水泵。

（7）调节阀门 V08，使热流体流量 Q_2 稳定在 0.3 L/s。

（8）当冷流体的进出口温度 t_1、t_2 及热流体的出口温度 T_2 稳定（温差曲

线趋于走平时），单击"记录"按钮记录数据。

（9）当换热器管程进口热水温度出现下降趋势时，关闭热水泵，打开循环泵。温度稳定后（约1分钟），关闭循环泵，打开热水泵，重复步骤（8）。

（10）当冷、热流体温差小于10℃时，停止实验，关闭冷水泵、热水泵和循环泵。

6. 数据记录和整理

保持热流体流量 V_t 及冷流体流量 V_s 不变，改变热流体的进口温度 T_1，测量冷流体的进、出口温度 t_1、t_2 及热流体的出口温度 T_2，根据公式（5 - 14）和式（5 - 15）分别计算热流体放出的热量 Q_t 和冷流体获得的热量 Q_s，并由式（5 - 16）计算损失的热量，根据公式（5 - 17）计算平均温差 Δt_m，将测量和计算出的结果填入数据表 5 - 8 中。

7. 实验要求

（1）写出实验报告。

（2）以平均温差 Δt_m 为横坐标，以热流体放出的热量 Q_t 和热损失 ΔQ 分别为纵坐标作 $\Delta t_m - Q_t$ 图和 $\Delta t_m - \Delta Q$ 图，对所得曲线进行分析。

（3）回答思考题。

思 考 题

1. 热量是如何损失的？怎样才能减少热量损失？
2. 在工程上，为什么很多换热器都采用逆流工艺流程？

表 5 - 8 实验测量和计算结果

序号	T_1 /℃	T_2 /℃	t_1 /℃	t_2 /℃	Q_t /kW	Q_s /kW	ΔQ /kW	Δt_m /℃
1								
2								
3								
4								
5								
6								
7								
8								
9								
10								

实验 5 流体传热系数测定实验

1. 实验目的

（1）测定换热器的总传热系数。

（2）了解换热器性能参数对换热性能的影响。

2. 实验装置

过程设备与控制多功能实验台。

3. 实验内容

在换热器热流体温度、流量和冷流体温度恒定的工况下，依次改变冷流体的流量，分别测量各工况下换热器的管程和壳程进、出口温度及管、壳程的流量，计算换热器的换热系数 K。

4. 实验原理

换热器的传热速率 Q 可以表示为：

$$Q = K \cdot A \cdot \Delta t_m \tag{5-18}$$

式中 Q——单位时间传热量，W；

K——总传热系数，W/（$m^2 \cdot K$）；

Δt_m——平均温差，K 或 ℃；

A——传热面积，$A = \pi \cdot d_o \cdot n \cdot l$，$m^2$。

在本实验以及以后的实验中：换热管的外径 $d_o = 0.014$ m、根数 $n = 29$、换热长度 $l = 0.792$ m。

对于逆流传热，平均温差为：

$$\Delta t_m = \frac{\Delta t_1 - \Delta t_2}{\ln(\Delta t_1 / \Delta t_2)} \tag{5-19}$$

式中 $\Delta t_1 = T_1 - t_2$；

$\Delta t_2 = T_2 - t_1$；

T_1，T_2——热流体的进出口温度，K 或 ℃；

t_1，t_2——冷流体的进出口温度，K 或 ℃。

由式（5-18）可得：

$$K = \frac{Q}{A \cdot \Delta t_m} \tag{5-20}$$

Q 可由热流体放出的热量或冷流体获得的热量进行计算，即：

$$Q_t = m_t \cdot c_{pt} \cdot (T_1 - T_2) \tag{5-21}$$

或
$$Q_s = m_s \cdot c_{ps} \cdot (t_2 - t_1) \qquad (5-22)$$

式（5-21）和式（5-22）中有关符号说明见实验4——换热器换热性能实验。

根据式（5-20）和式（5-21）或式（5-22）就可以测定在实验条件下的总传热系数 K。

由于测温点与换热器进出口处存在一定距离，所测得的温度值并不是换热器进、出口处流体的实际温度。因此要对测温点到换热器进、出口间的管路进行流体热量损失计算，以求出换热器流体进口和出口的实际温度值。参考本项目（三）计算示例中3.2.3，进行实际温度的计算；章节3.4.1进行实测传热膜系数 K 的计算；章节3.4.2进行理论传热系数 K 的计算。

5. 实验步骤

（1）开启燃油炉，设置温度上限为75 ℃，设置温度下限为70 ℃。

（2）开启工控机，进入过程设备与控制综合实验程序，选择流体传热系数测定实验，进入实验界面，单击"清空数据"按钮清空数据库。单击"实验"按钮，进入温差曲线界面。

（3）打开阀门 V06、V10、V04、V08，其他阀门均关闭，使冷流体走换热器壳程，并经流量调节阀 V14 流回水箱，热流体走换热器管程，实验流程见图5-11。

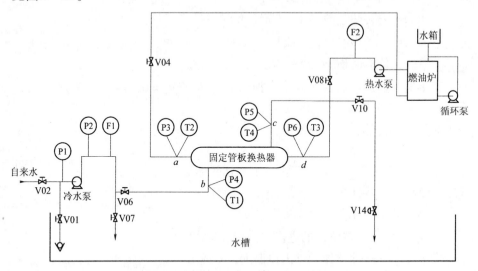

图5-11　流体传热系数测定实验流程图

（4）灌泵。打开自来水阀门 V02，旋开冷水泵排气阀放净空气，放完泵内空气后关闭，保证离心泵中充满水，再关闭自来水阀门 V02。

（5）逆时针旋转流量调节旋钮"m9"，使调节阀 V14 开度最小。

（6）启动冷水泵。将水泵运行方式开关"m7"旋向"变频运转"，选择变频运转方式，然后按下冷水泵启动按钮"m11"，转动压力调节旋钮"m8"使冷水泵出口压力（m4 表）保持在 0.4 MPa。

（7）待燃油炉内水温达到温度上限时，顺时针转动开关"m12"开启循环泵，热水基本均匀后逆时针转动开关"m12"关闭循环泵，再顺时针转动开关"m13"开启热水泵。调节"m9"旋钮，改变调节阀 V14 开度，使冷流体流量 V_s 稳定在 0.4 L/s。

（8）调节阀门 V08，使热流体流量 V_t 稳定在 0.24 L/s 不变。

（9）维持热流体的进口温度 T_1 不变，待燃油炉内温度达到上限时打开循环泵，待水温均匀后关闭循环泵，开热水泵。当换热器的冷流体进出口温度 t_1、t_2 及热流体的出口温度 T_2 稳定（温差曲线趋于走平时），单击"记录"按钮记录数据。

（10）关热水泵，打开循环泵。待燃油炉内温度达到上限时开循环泵，待水温均匀后关闭循环泵，打开热水泵，调节"m9"旋钮，依次增加冷流体流量 0.4 L/s，重复步骤（9）和步骤（10），直至冷流体流量达到 1.2 L/s。

（11）关闭热水泵、燃油炉，逆时针转动压力调节旋钮"m8"，使冷水泵出口压力（m4 表）回零。按下水泵关闭按钮"m10"，关闭冷水泵，结束实验。

6. 数据记录和整理

保持热流体流量 V_t 不变，改变冷流体流量 V_s，测量冷、热流体的进出口温度 t_1、t_2、T_1、T_2，根据式（5-19）计算平均温差 Δt_m，根据式（5-21）计算热流体放出的热量 Q_t，根据式（5-22）计算冷流体获得的热量 Q_s，根据式（5-20）计算总传热系数 K。将测量和计算出的结果填入数据表 5-9 中。

表 5-9　实验测量和计算结果

序号	V_s /(L·s^{-1})	T_1 /℃	T_2 /℃	t_1 /℃	t_2 /℃	V_t /(L·s^{-1})	Δt_m /℃	K /(W·m^{-2}·K^{-1})
1								
2								
3								
4								
5								
6								
7								
8								
9								
10								

7. 实验要求

（1）写出实验报告。

（2）根据所测参数，参照本项目（三）3.4 分别计算实测总传热系数与理论总传热系数 K 并与实验结果进行比较。以流量为横坐标，总传热系数 K 为纵坐标，分别作 $V_s - K$ 的理论与实验曲线，对所得曲线进行分析。

（3）回答思考题。

思　考　题

1. 总传热系数 K 和流体对流传热系数 α 及污垢热阻 R 有怎样的关系？为什么流体流量大小会影响总传热系数 K？

2. 有些换热器被设计成多管程或多壳程，试根据本实验结果说出其中的道理。

3. 通过换热器换热性能实验和流体传热系数测定实验，说明提高换热器中流体平均温差的优、缺点。

实验 6　换热器管程和壳程压力降测定实验

1. 实验目的

（1）测量换热器管程和壳程的流体压力损失。

（2）分析压力损失和流速之间的关系。

2. 实验装置

过程设备与控制多功能实验台。

3. 实验内容

分别在冷流体走管程（或走壳程）时，依次改变流体流量，在不同流量下，测量换热器管程（或壳程）的进、出口压力，计算流经换热器管程（或壳程）的总压力损失。

4. 实验原理

流体流经换热器时会出现压力损失，它包括流体在换热器内部的压力损失和流体在换热器进出口处局部的压力损失。通过测量管程流体的进口压力 p_{t1}、出口压力 p_{t2}，便可得到流体流经换热器管程的总压力损失 $\Delta p_t = p_{t1} - p_{t2}$；通过测量壳程流体的进口压力 p_{s1}、出口压力 p_{s2}，便可得到流体流经换热器壳程的总压力损失 $\Delta p_s = p_{s1} - p_{s2}$。

5. 实验步骤

1）换热器管程压力降实验

（1）打开 V05、V11，关闭其他阀门，使冷流体走换热器管程，实验流程见图 5 - 12。

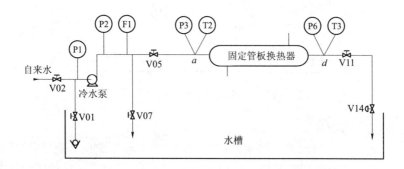

图 5 - 12　换热器管程压力降实验流程图

（2）灌泵。打开自来水阀门 V02，旋开冷水泵排气阀放净空气，放完泵内空气后关闭，保证离心泵中充满水，再关闭自来水阀门 V02。

（3）开启工控机，进入过程设备与控制综合实验程序，选择换热器压力降测定实验，进入实验界面，点击"管程"按钮选择管程压力降实验，单击"清空数据"按钮清空数据库。

（4）逆时针转动压力调节旋钮"m8"至零位，逆时针转动流量调节旋钮"m9"至零位，关闭流量调节阀。

（5）启动冷水泵。将水泵运行方式开关"m7"旋向"变频运转"，选择变频运转方式，然后按下冷水泵启动按钮"m11"，顺时针转动压力调节旋钮"m8"使冷水泵出口压力（m4 表）保持在 0.7 MPa。

（6）顺时针转动流量调节旋钮"m9"，依次从 1.0 L/s 到 2.2 L/s 改变冷流体流量，每间隔 0.2 L/s，点击一次"记录"按钮记录数据。

（7）关闭冷水泵。逆时针转动压力调节旋钮"m8"使冷水泵出口压力（m4 表）回零。按下水泵关闭按钮"m10"，关闭冷水泵。

（8）逆时针转动流量调节旋钮"m9"至零位，关闭流量调节阀。

2）换热器壳程压力降实验

（1）打开阀门 V06、V10，关闭其他阀门，使冷流体走换热器壳程，实验流程见图 5 - 13。

（2）点击实验界面中"壳程"按钮选择壳程压力降实验，单击"清空数

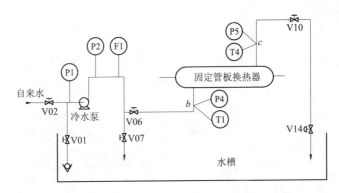

图 5-13 换热器壳程压力降实验流程图

据"按钮清空数据库。

（3）再次启动冷水泵。将水泵运行方式开关"m7"旋向"变频运转"，选择变频运转方式，然后按下冷水泵启动按钮"m11"，顺时针转动压力调节旋钮"m8"使冷水泵出口压力（m4 表）保持在 0.7 MPa。

（4）顺时针转动流量调节旋钮"m9"，依次从 0.4 L/s 到 2.2 L/s 改变冷流体流量，每间隔 0.2 L/s，点击一次"记录"按钮记录数据。

（5）关闭冷水泵。逆时针转动压力调节旋钮"m8"使冷水泵出口压力（m4 表）回零。按下水泵关闭按钮"m10"，关闭冷水泵。

（6）逆时针转动流量调节旋钮"m9"至零位，关闭流量调节阀。

6. 数据记录和整理

（1）冷流体走换热器管程，改变流量 V_t，测量管程流体的进出口压力 p_{t1}、p_{t2}，计算压力损失 $\Delta p_t = p_{t1} - p_{t2}$ 将测量和计算出的结果填入数据表 5-10 中。

（2）切换管路，使冷流体改走换热器壳程，改变流量 V_s，测量壳程流体的进出口压力 p_{s1}、p_{s2}，计算压力损失 $\Delta p_s = p_{s1} - p_{s2}$。将测量和计算出的结果填入数据表 5-10 中。

（3）管程和壳程的理论压力降按本项目（三）3.5 中计算。别外，实测压力降也可参照本项目（三）3.5.1 中计算。

表 5 – 10 实验测量和计算结果

序号	管 程					壳 程			
	实测结果				理论计算结果	实测结果			
	V_t /(L·s^{-1})	p_{t1} /MPa	p_{t2} /MPa	Δp_t /MPa	Δp_t /MPa	V_s /(L·s^{-1})	p_{s1} /MPa	p_{s2} /MPa	Δp_s /MPa
1									
2									
3									
4									
5									
6									
7									
8									
9									
10									

7. 实验要求

（1）写出实验报告。

（2）根据所测流量 V_t 和 V_s，参照计算管程流体流经换热器的压力损失并与实验结果进行比较。以流量为横坐标，压力损失为纵坐标，分别作 Δp_t – V_t 的理论与实验曲线及 Δp_s – V_s 实验曲线，对所得曲线进行分析。

（3）回答思考题。

思 考 题

1. 如何降低换热器中的阻力损失？

2. 管程压力损失由多项组成，分析比较它们的相对大小。

实验 7 换热器壳体热应力测定实验

1. 实验目的

（1）测定换热器在无温度载荷作用下换热器壳体上的应力。

（2）测定换热器在压力和温度载荷联合作用下换热器壳体上的应力。

2. 实验装置

（1）过程设备与控制多功能实验台。

（2）静态电阻应变仪。

3. 实验内容

当换热器壳程走冷流体、管程关闭时（无温差应力），依次改变壳程流体压力，测量换热器壳体在不同压力下的应变值；当换热器壳程走冷流体且压力恒定、管程走热流体（存在温差应力）时，依次改变管程温度，测量换热器壳体在不同管程温度下的应变值。计算换热器壳体的温差应力。换热器壳程及管程流体参数如图 5-14 所示。

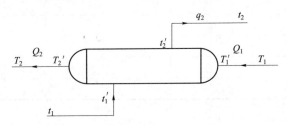

图 5-14　换热器壳程及管程流体参数

4. 实验原理

在应力测定中采用电阻应变仪来测定各点的应变值，然后根据广义胡克定律换算成相应的应力值。换热器壳体可认为是处于二向应力状态，在弹性范围内广义胡克定律表示如下：

周向应力：
$$\sigma_\theta = \frac{E}{1-\mu^2} \cdot (\varepsilon_\theta + \mu \cdot \varepsilon_z) \qquad (5-23)$$

轴向应力：
$$\sigma_z = \frac{E}{1-\mu^2} \cdot (\varepsilon_z + \mu \cdot \varepsilon_\theta) \qquad (5-24)$$

式中　E——设备材料的弹性模量；

　　μ——泊松比；

　　ε_θ——周向应变；

　　ε_z——轴向应变。

电阻应变仪的基本原理就是将应变片电阻的微小变化，用电桥转换成电压电流的变化。

在正常操作条件下，换热器壳体中的应力是流体压力载荷（壳程压力 p_s、管程压力 p_t）、温度载荷及重力与支座反力所引起的。由于换热器的轴向弯曲刚度大，重力与支座反力在壳体上产生的弯曲应力相对较小，可以忽略。

因温度载荷只引起轴向应力,当压力载荷和温度载荷联合作用时有:

$$\sigma_\theta = \sigma_\theta^p \tag{5-25}$$

$$\sigma_z = \sigma_z^p + \sigma_z^t \tag{5-26}$$

式中 σ_θ^p——压力载荷在换热器壳体中引起的环向应力,MPa;

σ_z^p——压力载荷在换热器壳体中引起的轴向应力,MPa;

σ_z^t——温度载荷在换热器壳体中引起的轴向应力,MPa。

温度载荷或温差大小的计算应以管程和壳程流体进出换热器壳体的温度值为依据。但在实验中,从温度传感器到换热器出入口的过程中有热量损失,所以换热器入口和出口的温度与测得的数据并非一致,换热器入口和出口的温度可估算如下。

1)计算 T_1'

流体流经管路损失的热量等于流体经过管壁传出的热量,由于管内为水,管外为空气(设温度为 t_0),总传热系数 K 可近似等于水的传热系数,因此有:

$$Q_1 = S_{t1} \cdot K_{t1} \cdot \left(\frac{T_1 + T_1'}{2} - t_0\right) = V_t \cdot \rho_t \cdot c_{pt} \cdot (T_1 - T_1')$$

由此得:

$$T_1' = \frac{V_t \cdot \rho_t \cdot c_{pt} \cdot T_1 + S_{t1} \cdot K_{t1} \cdot t_0 - \dfrac{S_{t1} \cdot K_{t1} \cdot T_1}{2}}{\dfrac{S_{t1} \cdot K_{t1}}{2} + V_t \cdot \rho_t \cdot c_{pt}} \tag{5-27}$$

式中 $S_{t1} = \pi \cdot d_i \cdot l_{t1}$；

d_i——管内径,$d_i = 0.025\ \text{m}$;

l_{t1}——从传感器到换热器热水入口的长度,$l_{t1} = 0.3\ \text{m}$;

K_{t1}——从传感器到换热器热水入口管程总传热系数。

$$K_{t1} = \alpha_{t1} = 0.027 \cdot \frac{\lambda_t}{d_i} \cdot R_e^{0.8} \cdot P_r^{0.33} \cdot \left(\frac{\mu_t}{\mu_w}\right)^{0.14}$$

其他符号说明见本项目(三)计算示例中3.2节。

2)计算 T_2'

T_2' 的计算与 T_1' 相似。

根据

$$Q_2 = S_{t2} \cdot K_{t2} \cdot \left(\frac{T_2 + T_2'}{2} - t_0\right) = V_t \cdot \rho_t \cdot c_{pt} \cdot (T_2' - T_2)$$

得：

$$T_2' = \cfrac{V_t \cdot \rho_t \cdot c_{pt} \cdot T_2 - S_{t2} \cdot K_{t2} \cdot t_0 + \cfrac{S_{t2} \cdot K_{t2} \cdot T_2}{2}}{V_t \cdot \rho_t \cdot c_{pt} - \cfrac{S_{t2} \cdot K_{t2}}{2}} \qquad (5-28)$$

式中　$S_{t2} = \pi \cdot d_i \cdot l_{t2}$

$\quad\quad d_i$ ——管内径，$d_i = 0.025$ m；

$\quad\quad l_{t2}$ ——从换热器热水出口到传感器的长度，$l_{t2} = 0.3$ m；

$\quad K_{t2}$ ——从换热器热水出口到传感器的管程总传热系数。

$$K_{t2} = \alpha_{t2} = 0.027 \cdot \frac{\lambda_t}{d_i} \cdot R_e^{0.8} \cdot P_r^{0.33} \cdot \left(\frac{\mu_t}{\mu_w}\right)^{0.14}$$

3）计算 t_2'

与 T_1' 和 T_2' 计算相似，t_2' 计算如下：

由　　$q_2 = S_{s2} \cdot K_{s2} \cdot \left(\dfrac{t_2 + t_2'}{2} - t_0\right) = V_s \cdot \rho_s \cdot c_{ps} \cdot (t_2' - t_2)$

得：　$$t_2' = \cfrac{V_s \cdot \rho_s \cdot c_{ps} \cdot t_2 - S_{s2} \cdot K_{s2} \cdot t_0 + \cfrac{S_{s2} \cdot K_{s2} \cdot t_2}{2}}{V_s \cdot \rho_s \cdot c_{ps} - \cfrac{S_{s2} \cdot K_{s2}}{2}} \qquad (5-29)$$

式中　$S_{s2} = \pi \cdot d_i \cdot l_{s2}$

$\quad\quad d_i$ ——管内径，$d_i = 0.025$ m；

$\quad\quad l_{s2}$ ——从换热器冷水出口到传感器的长度，$l_{s2} = 0.3$ m；

$\quad K_{s2}$ ——从换热器冷水出口到传感器的管程总传热系数。

$$K_{s2} = \alpha_{s2} = 0.027 \cdot \frac{\lambda_t}{d_i} \cdot R_e^{0.8} \cdot P_r^{0.33} \cdot \left(\frac{\mu_t}{\mu_w}\right)^{0.14} \qquad (5-30)$$

5. 实验步骤

使用 BZ2205C 静态电阻应变仪进行。

（1）启动实验程序"BZ2205C"。

（2）选择实验方式：壳程受压。

（3）单击"平衡"按钮，应变仪进行平衡。

（4）单击"测量"按钮，检查应变读数是否基本为零（若偏差较大时重复（3）、（4）步骤）。

（5）实验方案 1。

换热器壳程走冷流体，管程关闭（无温差应力）。实验流程如图 5 - 15 所示。

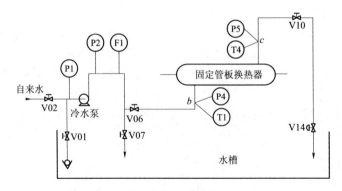

图 5 – 15　换热器壳程走冷流体管程关闭实验流程

P1—冷水泵进口压力；P2—冷水泵出口压力；P3—换热器管程出口压力；P4—换热器壳程进口压力；P5—换热器壳程出口压力；P6—换热器管程进口压力；T1—换热器壳程进口温度；T2—换热器管程出口温度；T3—换热器管程进口温度；T4—换热器壳程出口温度；F1—冷水泵流量；F2—热水泵流量；V14—电动调节阀。

① 打开阀门 V06、V10，关闭管程进出口及其他阀门，使冷流体走换热器壳程，并经流量调节阀 V14 流回水箱。

② 开启工控机，点击"换热器温差应力实验"图标，进入实验程序界面，选择"壳程受压"，单击"清空数据"按钮清空数据库。

③ 灌泵。打开自来水阀门 V02，旋开冷水泵排气阀放净空气，待放完泵内空气后关闭，保证离心泵中充满水，再关闭自来水阀门 V02。

④ 启动冷水泵。将水泵运行方式开关"m7"旋向"工频"，选择工频运转方式，然后按下水泵启动按钮"m11"，冷水泵开始运转，待冷水泵运转 3 分钟后进入下一步。

⑤ 转动旋钮"m9"调节电动调节阀 V14，改变壳程流体流量，使换热器壳程进口压力依次从 0.2 MPa 到 0.8 MPa，每隔 0.1 MPa 测量并记录一次换热器进、出口压力和应变值。

⑥ 关闭冷水泵。打开阀门 V07，按下水泵关闭按钮"m10"，冷水泵停止运转。

注意：关闭水泵时，阀门 V07 必须处于全开状态，否则真空压力表会损坏。

⑦ 不退出实验程序，继续做温差应力实验。

（6）实验方案 2。

换热器壳程走冷流体，管程走热流体（存在温差应力）。

实验流程如图 5 – 16 所示。

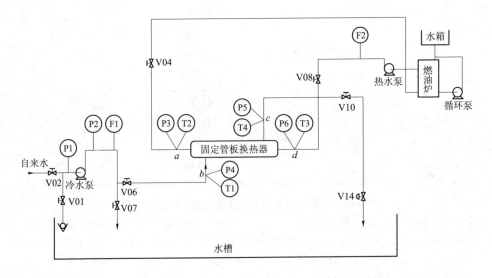

图 5 - 16 换热器壳程走冷流体管程走热流体的实验流程

① 打开阀门 V06、V10、V04、V08，其他阀门均关闭，使冷流体走换热器壳程，并经流量调节阀 V14 流回水箱，热流体走换热器管程。

② 开启燃油炉，设置温度上限为 75 ℃，设置温度下限为 70 ℃。

③ 选择"温差应力"，单击"清空数据"按钮清空数据库。

④ 启动冷水泵。按下水泵启动按钮"m11"，冷水泵开始运转。

⑤ 待燃油炉内水温达到温度上限时，顺时针转动开关"m12"，开循环泵，热水基本均匀后逆时针转动开关"m12"关闭循环泵，再顺时针转动开关"m13"开启热水泵。

⑥ 调节流量调节阀 V14，改变壳程流体流量，使换热器壳程进口压力稳定在 0.5 MPa；调节阀门 V04，使热流体流量 Q_2 保持在 0.3 L/s 左右。

⑦ 换热器管程进口温度会逐渐下降，从 70 ℃ 到 40 ℃，每间隔 5 ℃ 依次测量并记录一次应变。

⑧ 关闭热水泵。逆时针转动开关"m13"关闭热水泵。

⑨ 关闭冷水泵。打开阀门 V07，按下水泵关闭按钮"m10"，关闭冷水泵。

注意：关闭水泵时，阀门 V07 必须处于全开状态，否则真空压力表会损坏。

6. 数据记录和整理

1）壳程压力引起的壳体应力（只有冷流体走壳程）

壳程压力 p_s 可取壳程冷流体进出口压力 p_{si}、p_{so} 的平均值，即：$p_s = \dfrac{p_{si} + p_{so}}{2}$。管程没有流体，因此管程压力 p_t 和温差载荷为零。将测量出的结果填入数据表 5 – 11 中。忽略换热器重力和支座反力的影响，各点应力相等，各点应变取平均值。即：

$$\varepsilon_\theta = (\varepsilon_{\theta_1} + \varepsilon_{\theta_2} + \cdots + \varepsilon_{\theta_n}) / n \tag{5-31}$$

$$\varepsilon_z = (\varepsilon_{z_1} + \varepsilon_{z_2} + \cdots + \varepsilon_{z_n}) / n \tag{5-32}$$

式中 n —— 测点数。

将 ε_θ、ε_z 代入式（5 – 23）、式（5 – 24）计算各实验压力下的应力，填入表 5 – 11 中。绘制 $\sigma_\theta - p_s$ 曲线。

2）温度载荷作用引起的壳体应力

让热水走管程，冷水走壳程。此时，壳程压力 p_s 取壳程冷流体进出口压力 p_{si}、p_{so} 的平均值，即 $p_s = \dfrac{p_{si} + p_{so}}{2}$。管程压力 p_t 取管程热流体进出口压力 p_{ti}、p_{to} 的平均值，即 $p_t = \dfrac{p_{ti} + p_{to}}{2}$。由于换热管内外均为水，换热器壳体外为大气，因此，换热管壁温可近似取两侧流体温度的平均值，即 $t_t = \dfrac{t_1 + t_2' + T_1' + T_2'}{4}$，其中 t_1、t_2' 为壳程冷流体进出口温度，T_1'、T_2' 为管程热流体进出口温度。换热器壳体壁温可近似取壳程冷流体平均温度，$t_s = \dfrac{t_1 + t_2'}{2}$。因此，管壁和壳体的温差为：$\Delta t = t_t - t_s$。将测量出的结果填入数据表 5 – 12 中。

用相同方法计算压力和温度载荷联合作用下换热器中各实验温差下的应力，将此应力减去仅受相应实验压力下的应力（可根据 $\sigma - p$ 曲线查到），得到平均温差产生的应力。绘制 $\sigma - \Delta t$。

根据所测压力及温度值，参照本项目（三）计算示例 3.2 节，计算在压力和温度载荷联合作用下换热器中的应力，填入表 5 – 12 中，并与实验结果各测点应力平均值进行比较。以温差 Δt 为横坐标，壳体轴向总应力 σ_z 为纵坐标，作 $\sigma_z - \Delta t$ 的理论与实验曲线，对所得曲线进行分析。

7. 实验要求

（1）写出实验报告。

（2）只受壳程压力作用时。以壳程压力为横坐标，壳体应力为纵坐标，作 $\sigma - p$ 的实验曲线，并进行分析。

（3）壳体壳程压力和温度载荷联合作用时。以温差为横坐标，壳体应力为纵坐标，作 $\sigma - \Delta t$ 实验曲线，并进行分析。

（4）回答思考题。

表 5－11　壳程压力实验测量、计算结果

p_{si} / MPa	p_{so} /MPa	测　点	ε_θ	ε_z	σ_θ/MPa	σ_z/MPa
		1				
		2				
		3				
		4				
		5				
		1				
		2				
		3				
		4				
		5				
		1				
		2				
		3				
		4				
		5				
		1				
		2				
		3				
		4				
		5				

表 5 - 12　温度载荷实验测量、计算结果

T_1 /℃	T_2 /℃	t_1 /℃	t_2 /℃	p_{ti} /MPa	p_{to} /MPa	p_{si} /MPa	p_{so} /MPa	测点	ε_θ	ε_z	σ_z/MPa
								1			
								2			
								3			
								4			
								5			
								1			
								2			
								3			
								4			
								5			
								1			
								2			
								3			
								4			
								5			
								1			
								2			
								3			
								4			
								5			

思 考 题

1. 构件中产生热应力的条件是什么？

2. 固定管板换热器中的热应力是否可以消除？是否可以采取措施降低热应力？

3. 只受壳程压力作用下，壳体上的轴向应力远小于周向应力，为什么？

实验 8　离心泵压力控制实验

1. 实验目的

（1）利用衰减曲线法对离心泵出口压力控制系统进行整定，测定在阶跃激励作用下离心泵出口压力的过渡过程，评价控制系统的控制质量。

（2）掌握 PID 控制模型中的比例度 P、积分时间 T_I 和微分时间 T_D 参数对过渡过程的影响。

2. 实验装置

过程设备与控制多功能实验台。

3. 实验内容

（1）采用衰减曲线法对离心泵出口压力控制系统进行整定，确定 PID 控制模型中的比例度 P、积分时间 T_I 和微分时间 T_D 参数。

（2）对泵出口流量施加阶跃激励，测量泵出口压力的过渡过程曲线，计算控制系统的性能指标，评价泵压力控制系统的品质指标。

（3）在 PID 控制模型中通过设置不同的比例度 P、积分时间 T_I 和微分时间 T_D 等控制参数，观察控制参数对过渡过程的影响。

4. 实验原理

1）压力控制系统工作原理

离心泵流量控制实验流程图如图 5 - 17 所示，离心泵出口压力由压力变送器 PT 将离心泵出口压力转换成与压力成正比的电压信号，输出至压力调节器 PC，PC 将压力测量信号 P_m 与压力给定值 P_s 比较后，按 PID 调节规律输出 4 ~ 20 mA 控制信号 u，驱动交流变频器改变离心泵的转速，达到控制离心泵出口压力的目的。

压力控制系统方框图如图 5 - 18 所示，离心泵压力控制系统为单回路控制系统。控制系统中的被控变量 y 为冷水泵出口压力、操纵变量 m 为离心泵转速、干扰变量 f 为离心泵流量，靠改变流程图中的 V12 或 V13 或 V14 实现。执行器为交流变频器与泵电动机的组合。

离心泵压力控制系统采用比例积分微分控制规律（PID）对压力进行控制。理想的 PID 调节规律的数学表达式为：

$$\Delta u(t) = K_P\Big[e(t) + \frac{1}{T_I}\int_0^t e(t)\,\mathrm{d}t + T_D \cdot \frac{\mathrm{d}e(t)}{\mathrm{d}t}\Big] \tag{5-33}$$

式中　Δu——调节器输出信号的变化量；

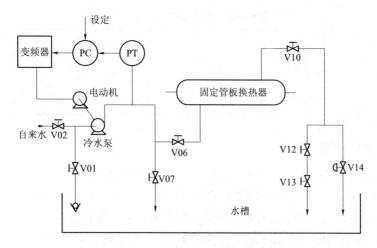

图 5 - 17 离心泵压力控制实验流程图

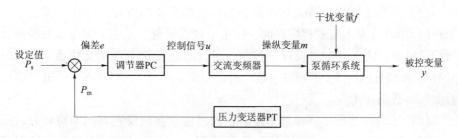

图 5 - 18 离心泵压力控制方框图

e ——调节器输入信号（偏差）；

K_P ——比例放大倍数；

T_I ——积分时间；

T_D ——微分时间。

当系统稳定时被控变量离心泵的出口流量 q_v 稳定在设定值附近，若在 $t = 0$ 时刻，对泵扬程施加阶跃激励，泵流量就将开始变化并按衰减振荡的规律经过一段时间后逐渐趋于稳定，完成了一次过渡过程。

2）控制参数整定

调节器参数整定采用衰减曲线法，即在纯比例控制的情况下，将比例度 δ 从大到小进行设置，在每个 δ 值下用设定值做一个阶跃激励，直到获得 $n = 4:1$ 的衰减振荡过渡曲线。此时的比例度为 δ_S，振荡周期为 T_S，再根据表 5 - 13 所列经验公式计算出调节器的比例度 P、积分时间 T_I 和微分时间 T_D 参数。

表 5 – 13 衰减曲线法经验算式

控制规律	δ	T_I	T_D
P	δ_S		
PI	$1.2\delta_S$	$0.5T_S$	
PID	$0.8\delta_S$	$0.3T_S$	$0.1T_S$

5. 实验步骤

（1）打开阀门 V06、V12、V14，关闭其他所有阀门。

（2）灌泵。打开自来水阀门 V02，旋开冷水泵排气阀放净空气，放完泵内空气后关闭，保证离心泵中充满水，再关闭自来水阀门 V02。

（3）顺时针转动操作台面板上的总控开关"m14"，启动操作台。

（4）将按键开关"m5"和"m6"置于弹出状态，按下压力自动/手动调节按钮"m5"，选择压力自动控制方式。

（5）开启工控机，进入过程设备与控制综合实验程序，选择"离心泵压力控制实验"，进入实验程序界面。点击"仪表设置"按钮，弹出仪表控制参数设置界面，依次点击"设置"按钮，可设置流量调节器的比例度 P、积分时间 T_I 和微分时间 T_D 等控制参数。将设定流量置为 $S_V = 1$ L/s，单击"清空数据"将数据库清空。

（6）压力调节器控制参数整定。在仪表控制参数设置界面上将积分时间 T_I 和微分时间 T_D 关闭，将比例度 P 试设置成 100，每设置完一个参数需按"确认"键，再按"返回"键返回实验界面。

（7）顺时针转动操作台面板上选择开关"m7"，将水泵运行方式设置成变频运行方式，按下主水泵启动按钮"m11"，打开变频器启动冷水泵，将流量调节旋钮"m9"顺时针转动到底，打开调节阀 V14。

（8）点击"实时曲线"按钮进入实时曲线界面，转动流量调节旋钮"m9"对系统施加阶跃激励，观察压力曲线形状。若压力曲线高于 4∶1 衰减振荡曲线，则重新点击"仪表设置"按钮，将比例度 P 减小后再次进入实时曲线界面并点击参数整定栏的"开始"按钮，观察流量实时曲线。若压力曲线低于 4∶1 衰减振荡曲线，则重新点击"仪表设置"按钮，将比例度 P 增大，直到压力曲线呈 4∶1 衰减振荡曲线时点击"停止"按钮。

（9）使用实时曲线界面上的 8 个曲线位移、曲线大小调节按钮，将 4∶1 衰减振荡曲线放大，读出曲线的振荡周期，记为 T_S。从仪表控制参数设置界面读出比例度 P 值，记为 δ_S，按表 8 – 1 计算出 PI 或 PID 控制方式下的 δ、T_I 及 T_D 值，并在仪表控制参数设置界面上将控制参数设置到压力控制器中。

（10）点击控制实验栏中的"开始"按钮，调节操作台面板上的流量调节旋钮"m9"使压力改变 10% ，施加阶跃激励，观察压力变化的过渡过程。

（11）点击控制实验栏中的"停止"按钮，结束实验并将实验数据写入数据库。

（12）运行数据处理程序，观察压力变化曲线。

6. 数据记录和整理

（1）将采用衰减曲线法整定得到的 δ_S 和计算出的调节器比例度 P、积分时间 T_I 和微分时间 T_D 填入表 5 – 14 。

（2）在压力过渡曲线上分别求出最大偏差 A、衰减比 n、余差、振荡周期及过渡时间 t_s 等描述过渡过程的品质指标填入表 5 – 15，并对过渡过程的品质进行评价。

7. 实验报告要求

（1）写出实验目的、实验内容、衰减曲线法的整定步骤和施加阶跃激励的步骤。

（2）绘制在阶跃激励下泵出口压力的过渡曲线，过渡过程的品质指标的计算过程。

（3）回答思考题。

表 5 – 14　衰减曲线法整定数据

临界比例度 δ_S			
控制规律	δ	T_I	T_D
P			
PI			
PID			

表 5 – 15　压力控制系统过渡过程的品质指标

最大偏差 A / $(L \cdot s^{-1})$	衰减比 n	余差 / $(L \cdot s^{-1})$	振荡周期 /s	过渡时间 t_s/s

思　考　题

1. 离心泵压力控制系统在阶跃激励作用下，比例度 P 的大小对过渡过程会产生什么影响？

2. 在阶跃激励作用下，若压力调节器的比例度不变，积分常数 I 的大小对过渡过程会产生什么影响？

实验 9 离心泵流量控制实验

1. 实验目的

（1）利用临界比例度法对离心泵流量控制系统进行整定，测定在阶跃激励作用下离心泵流量的过渡过程，评价控制系统的控制质量；

（2）掌握 PID 控制模型中的比例度 P、积分时间 T_I 和微分时间 T_D 参数对过渡过程的影响。

2. 实验装置

过程设备与控制多功能实验台。

3. 实验内容

（1）采用临界比例度法对离心泵流量控制系统进行整定，确定 PID 控制模型中的比例度 P、积分时间 T_I 和微分时间 T_D 参数。

（2）对泵出口扬程施加阶跃激励，测量泵流量的过渡过程曲线，计算流量控制系统的性能指标，评价控制系统的品质指标。

（3）在 PID 控制模型中通过设置不同的比例度 P、积分时间 T_I、微分时间 T_D 等控制参数，观察控制参数对过渡过程的影响。

4. 实验原理

1）流量控制系统工作原理

离心泵流量控制实验流程图如图 5 – 19 所示，由涡轮流量变送器 FT 将离心泵出口流量转换成脉冲信号，经频率/电压转换器转换成电压信号后输出至流量调节器 FC，FC 将流量测量信号 F_m 与流量给定值 F_s 比较后，按 PID 调节规律输出 4 ~ 20 mA 控制信号 u，驱动电动调节阀 V14 改变开度，达到控制离心泵出口流量的目的。

流量控制系统方框图如图 5 – 20 所示为单回路控制系统。控制系统中的被控变量 y 为冷水泵流量、操纵变量 m 为流过换热器壳程流体流量、干扰变量 f 为离心泵出口扬程，靠改变流程图中的 V07 实现。执行器为电动调节阀 V14。

离心泵流量控制系统采用比例积分微分控制规律（PID）对流量进行控制。理想的 PID 调节规律的数学表达式为：

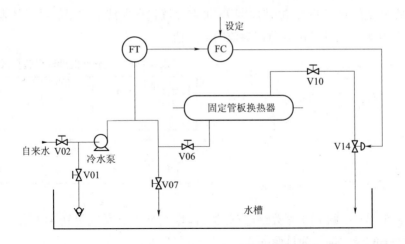

图 5 – 19 离心泵流量控制实验流程图

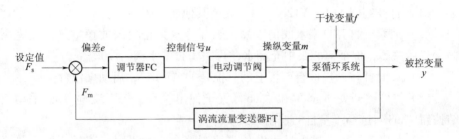

图 5 – 20 离心泵流量控制方框图

$$\Delta u(t) = K_P \left[e(t) + \frac{1}{T_I} \int_0^t e(t) \, \mathrm{d}t + T_D \frac{\mathrm{d}e(t)}{\mathrm{d}t} \right] \quad (5-34)$$

式中 Δu ——调节器输出信号的变化量;

e ——调节器输入信号(偏差);

K_P ——比例放大倍数;

T_I ——积分时间;

T_D ——微分时间。

当系统稳定时被控变量离心泵的出口流量 q_V 稳定在设定值附近,若在 $t = 0$ 时刻,对泵扬程施加阶跃激励,泵流量将开始响应并按衰减振荡的规律经过一段时间后逐渐趋于稳定,完成了一次过渡过程。

2)控制参数整定

调节器参数整定采用临界比度法,即在纯比例控制的情况下,将比例度 δ 从大到小进行设置,在每个 δ 值下用设定值做一个阶跃激励,直到获得等幅振荡过渡曲线,如图 5 – 21 所示。此时的比例度称为临界比例度 δ_K ,振荡周

期为临界振荡周期 T_K，振荡周期 T_K 可在过渡过程曲线上求得。最后从表 5 –
16 所列经验公式计算出调节器参数的最大值。

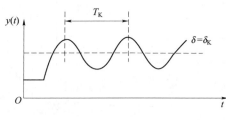

图 5 – 21 临界振荡曲线

表 5 – 16 临界比例度法经验算式

控制规律	δ	T_I	T_D
P	$2\delta_K$		
PI	$2.2\delta_K$	$0.85T_K$	
PID	$1.7\delta_K$	$0.5T_K$	$0.13T_K$

表 5 – 16 中的 PID 参数整定算式是以使闭环控制系统得到 4∶1 衰减比及
适当大小的最大偏差为目标的。

5. 实验步骤

（1）打开阀门 V06、V12、V14，关闭其他所有阀门。

（2）灌泵。打开自来水阀门 V02，旋开冷水泵排气阀放净空气，放完泵
内空气后关闭，保证离心泵中充满水，再关闭自来水阀门 V02。

（3）顺时针转动操作台面板上的总控开关"m14"，启动操作台。

（4）将按键开关"m5"和"m6"置于弹出状态，按下流量自动/手动调
节按钮"m3"选择流量自动控制方式。

（5）开启工控机，进入过程设备与控制综合实验程序，选择"离心泵流
量控制实验"，进入实验程序界面。点击"仪表设置"按钮，弹出仪表控制参
数设置界面，依次点击"设置"按钮，可设置流量调节器的比例度 P、积分
时间 T_I 和微分时间 T_D 等控制参数。压力设置为 $S_V = 0.3$ MPa，单击"清空数
据"将数据库清空。

（6）流量调节器控制参数整定。在仪表控制参数设置界面上将积分时间
T_I 和微分时间 T_D 关闭（置零），将比例度 P 试设置成 400，每设置完一个参
数需按"确认"键。最后按"返回"键返回实验界面。

（7）顺时针转动操作台面板上选择开关"m7"，将水泵运行方式设置成
变频运行方式，按下主水泵启动按钮"m11"，打开变频器启动冷水泵，将压
力调节旋钮"m8"顺时针转动到底。

（8）点击"实时曲线"按钮进入实时曲线界面，转动压力调节旋钮"m8"
对系统施加阶跃激励，观察流量曲线形状。若流量曲线为衰减振荡曲线，则
重新点击"仪表设置"按钮，将比例度 P 减小后再次进入实时曲线界面并点
击参数整定栏的"开始"按钮，观察流量实时曲线。若流量曲线为发散振荡
曲线，则重新点击"仪表设置"按钮，将比例度 P 增大。直到流量曲线呈等

幅振荡曲线时点击"停止"按钮。

（9）使用实时曲线界面上的 8 个曲线位移、曲线大小调节按钮，将等幅流量振荡曲线放大，读出曲线的振荡周期，记为 T_K。从仪表控制参数设置界面读出比例度 P 值，记为 δ_K，按表 5 - 16 计算出 PI 或 PID 控制方式下的 δ 和 T_I 值，并在仪表控制参数设置界面上输入到流量控制器中。

（10）点击控制实验栏中的"开始"按钮，调节操作台面板上的压力调节旋钮"m8"使压力改变 10%，施加阶跃激励，观察流量变化的过渡过程。

（11）点击控制实验栏中的"停止"按钮，结束实验并将实验数据写入数据库。

（12）运行数据处理程序，观察流量变化曲线。

6. 数据记录和整理

（1）临界比例度值为 δ_K 时，在临界振荡曲线上找出临界振荡周期 T_K，并计算出相应的调节器比例度 P、积分时间 T_I 和微分时间 T_D 填入表 5 - 17。

（2）在经过整定后的流量控制系统上做出的流量过渡过程曲线上分别求出最大偏差 A、衰减比 n、余差、振荡周期及过渡时间 t_s 等描述过渡过程的品质指标填入表 5 - 18，并对过渡过程的品质进行评价。

7. 实验报告要求

（1）写出实验目的、实验内容、临界比例度的整定步骤和对泵扬程施加阶跃激励的步骤。

（2）绘制在泵扬程的阶跃激励下的流量过渡过程曲线，完成过渡过程的品质指标的计算过程。

（3）回答思考题。

表 5 - 17　临界比例度法整定数据

临界比例度 δ_K		振荡周期 T_K	
控制规律	δ	T_I	T_D
P			
PI			
PID			

表 5 - 18　流量控制系统过渡过程的品质指标

最大偏差 A / $(L \cdot s^{-1})$	衰减比 n	余差 / $(L \cdot s^{-1})$	振荡周期 T/s	过渡时间 t_s/s

思 考 题

1. 离心泵流量控制系统在阶跃激励作用下,比例度 P 的大小对过渡过程会产生什么影响?

2. 在阶跃激励作用下,若调节器的比例度不变,积分常数 I 的大小对过渡过程会产生什么影响?

实验 10 换热器串级温度控制实验

1. 实验目的

(1)掌握主回路和副回路在串级控制中担当作用及温度串级控制的工作过程,了解模糊控制模型的基本算法。

(2)测定在阶跃激励下,换热器出口温度的过渡过程。利用最大偏差、余差、衰减比、振荡周期和过渡时间等参数,评价换热器出口温度控制系统的控制质量。

2. 实验装置

过程设备与控制多功能实验台。

3. 实验内容

(1)采用经验试凑法确定副回路的 P、I 参数。

(2)利用管程热水流量的变化对换热器串级温度控制系统施加阶跃激励,测量换热器出口温度的过渡过程曲线。通过计算控制系统的性能指标,评价控制系统的品质指标。

4. 实验原理

1)换热器出口温度串级控制系统工作原理

换热器出口温度串级控制系统图如图 5 - 22 所示,冷水泵从水槽中将冷水提升后,经换热器壳程流回到水槽。热水泵从燃油炉中将热水输送至换热器管程后,再回到燃油炉中进行循环。

换热器温度控制系统方框图如图 5 - 23 所示,换热器温度串级控制系统中主回路由温度变送器 TT、温度调节器 TC、流量调节器 FC、交流变频器换热器壳程和换热器管程构成;副回路则由流量变送器 FT、流量调节器 FC、交流变频器和换热器管程构成。

在图 5 - 23 中,热电阻温度变送器 TT 将换热器管程出口温度转换成电压

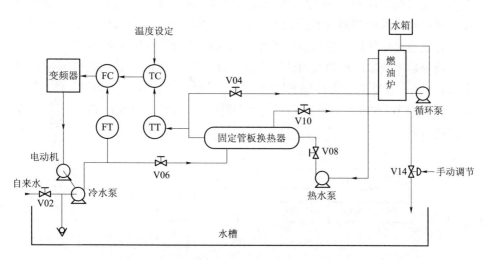

图 5 - 22　换热器出口温度串级控制实验流程图

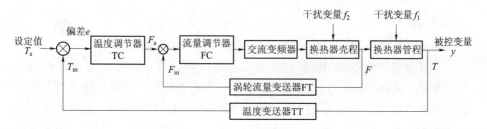

图 5 - 23　换热器出口温度串级控制方框图

信号 T_m 后输出至温度调节器 TC 的测量端，TC 将温度信号 T_m 与温度设定值 T_s 比较后，根据其偏差值 e 的大小按模糊调节规律向流量调节器 FC 的设定端输出控制信号 F_s。同时安装在换热器壳程进口管路上的涡轮流量变送器 FT 将进入换热器壳程的冷水流量信号 F_m 输出至流量调节器 FC 的测量端，FC 将来自温度调节器 TC 的流量设定值 F_s 和来自 FT 的冷水流量值 F_m 比较后，根据其差值 e 的大小按比例 PI 调节规律输出控制信号，驱动交流变频器改变离心泵的转速，控制换热器壳程的冷水流量，达到稳定换热器管程出口温度的目的。

在换热器温度串级控制系统中，主对象为换热器管程，副对象为换热器壳程。主变量为换热器管程出口温度 T；副变量为流过换热器壳程的冷水流量 F。干扰变量 f_1 来自燃油炉间断加热造成的热水温度的波动，干扰变量 f_2 来自人为调节换热器壳程回路中的阀门 V06。主调节器为温度调节器 TC；副调节器为流量调节器 FC，执行器为交流变频器与泵电动机的组合。在控制系统中，被控变量为换热器管程出口处的温度；操纵变量为冷水流量，冷水流量的变化是通过变频器（执行器）调节冷水泵的转速实现流量调节的。

　　换热器串级温度控制采用计算机数字直接控制 DDC 方式，硬件系统如图 5 - 24 所示。计算机直接参与了控制系统中温度及流量信号的数据采集，完成温度调节器 TC 和流量调节器 FC 的控制算法，将计算结果通过 D/A 转换器输出到执行器。

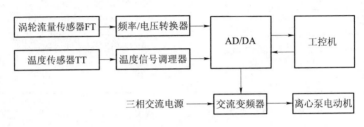

图 5 - 24　换热器温度串级控制系统硬件图

2）控制模型

副回路控制模型采用 PI 控制算法同实验 9，不再赘述。

主回路控制模型采用模糊控制算法。选取换热器出口温度偏差 E 和偏差变化率 E_c 为输入变量，冷流体的流量值 q_c 为输出变量，并将其作为副回路流量控制的给定值。分别采用 NB、NM、NS、ZO、PS、PM、PB 表示负大、负中、负小、零、正小、正中、正大概念，E、E_c 和输出 q_c 分别规定为下列模糊子集：

E、E_c = {NB, NM, NS, ZO, PS, PM, PB}

q_c = {NB, NM, NS, ZO, PS, PM, PB}

它们的值域分别为：

E、E_c = {-3, -2, -1, 0, 1, 2, 3}

q_c = {0, 1, 2, 3, 4, 5, 6}

E 和 E_c 的隶属度函数如图 5 - 25 所示，q_c 的隶属度函数如图 5 - 26 所示。

根据一般换热器的模糊规则，可以得到输出变量 q_c 的模糊控制规则，如表 5 - 19 所示。再利用 Mamdani 模糊推理方法，可得到流量输出 q_c 的模糊规则查询表，如表 5 - 20 所示。

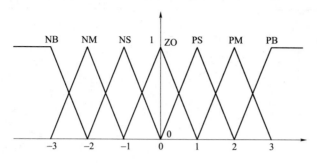

图 5 – 25　E 和 E_c 的隶属度函数

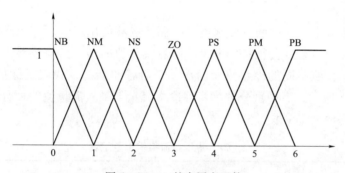

图 5 – 26　q_c 的隶属度函数

表 5 – 19　流量输出 q_c 的模糊控制规则表

E q_c E_c	NB	NM	NS	ZO	PS	PM	PB
NB	NS	NM	NM	NB	NB	NB	NB
NM	NS	NS	NM	NM	NB	NB	NB
NS	ZO	NS	NS	NM	NM	NM	NB
ZO	PM	PS	ZO	ZO	NS	NS	NM
PS	PB	PM	PS	PS	ZO	ZO	NS
PM	PB	PB	PB	PB	PB	PM	PS
PB	PB	PB	PB	PB	PB	PB	PM

　　用 Mamdani 模糊推理方法，我们可以得到一个基本的模糊规则查询表，如表 5 – 20 所示。

表 5 – 20 流量输出 q_c 的模糊控制规则查询表

q_c 　 E 　 E_c	– 3	– 2	– 1	0	1	2	3
– 3	2	1	1	0	0	0	0
– 2	2	2	1	1	0	0	0
– 1	3	2	2	1	1	1	0
0	5	4	3	3	2	2	1
1	6	5	4	4	3	3	2
2	6	6	6	6	6	5	4
3	6	6	6	6	6	6	5

在本实验中，通过调节冷水流量控制换热器的出口温度，当冷水流量低时，换热器出口温度会很快的升高，随着流量值的增加，换热器出口温度会随之下降。按照不同的冷水流量给出了 7 种输出状态，代表实际控制作用，如表 5 – 21 所示。表中百分数为实际冷水流量与最大流量值的百分比。在本实验中管路最大流量取 1.8 L/s。

表 5 – 21 主回路流量输出整定表

控制量等级	0	1	2	3	4	5	6
流量设定值/%	14	28	42	56	70	84	98

3）副调节器控制参数整定

副调节器的 P、I 参数整定采用经验试凑法，即根据经验设定副调节器的 PI 参数。利用改变设定值作为阶跃激励，直到获得衰减振荡过渡曲线。

5. 实验步骤

（1）打开阀门 V06、V10、V04、V08，其他所有阀门处于关闭状态。

（2）灌泵。打开自来水阀门 V02，旋开冷水泵放气阀放净空气，泵内空气排净后关闭放气阀，再关闭 V02。

（3）顺时针转动操作台面板上的总控开关"m14"，启动操作台。

（4）开启工控机，进入过程设备与控制综合实验程序，选择换热器串级温度控制实验进入实验界面。

（5）将操作台面板上的按键开关"m3"和"m5"置于弹出状态，按下控制方式选择按钮"m6"选择 DDC 控制方式。

（6）在控制程序主界面点击参数设置菜单，进入副回路参数整定界面，如

图 5 –27 所示，按照临界比例度法进行参数整定，设定参数 P、I 和冷水泵流量，点击"控制开始"按钮，整定完毕之后点击退出按钮回到系统主界面，如图5 –28 所示。

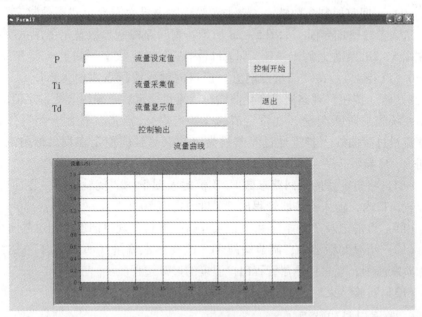

图 5 –27　参数整定界面

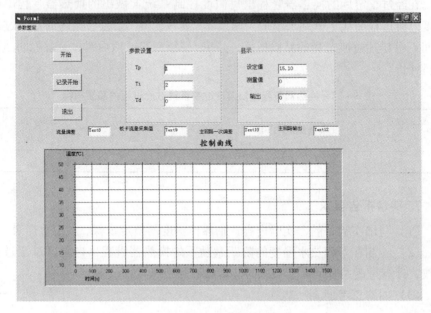

图 5 –28　系统主界面

（7）启动热水燃油炉。

（8）顺时针转动操作台面板上的开关"m12"和"m13"，启动热水泵和循环泵。调节阀门 V04，使热水流量为 0.3 L/s。

（9）副回路控制参数整定。点击实验程序主界面左上角"参数整定"按钮，进入参数整定界面，如图 5 – 28 所示。副回路控制参数整定采用试凑法，即在图 5 – 28 界面上的 P、Ti、Td 窗口内键入相应数字，如 P = 2、Ti = 5、Td = 0（PI 控制）。在"流量设定值"窗口内键入流量设定值 1.2 L/s，点击"控制开始"按钮，观察流量变化曲线。待流量稳定后，采用改变设定值的方法给系统施加阶跃激励（在设定值的 ± 10% 内），点击"控制开始"按钮，观察流量过渡曲线。若流量过渡曲线为衰减振荡且能稳定在设定值附近时，说明 P、Ti 参数合适，副回路控制参数整定完成。

（10）将整定后的副回路参数 P、I 值键入图 5 – 27 实验程序主界面中参数设置窗口内，输入换热器管程出口温度设定值 50 ℃。

（11）点击记录"开始"和"记录开始"按钮，观察温度控制过渡曲线。

（12）当温度稳定后，调节阀门 V04 改变热水流量（ ± 10% 内）为系统施加阶跃激励，观察换热器管程出口温度的过渡过程。

（13）实验结束后点击退出按钮，退出控制系统。

6. 数据记录和整理

在经过整定后的换热器管程出口温度控制系统上做出的换热器管程出口温度过渡过程曲线上分别求出最大偏差 A、衰减比 n、余差、振荡周期及过渡时间 t_s 等描述过渡过程的品质指标，并填入表 5 – 22，然后对过渡过程的品质进行评价。

表 5 – 22　换热器管程出口温度控制系统过渡过程的品质指标

最大偏差 A / $(L \cdot s^{-1})$	衰减比 n	余差 / $(L \cdot s^{-1})$	振荡周期 /s	过渡时间 t_s/s

7. 实验报告要求

（1）写出实验目的、实验内容、临界比例度的整定步骤、整定数据表。

（2）绘制在管程热水温度的阶跃激励下的换热器管程出口温度过渡过程曲线，计算过渡过程的品质指标的计算过程并列出计算结果。

（3）回答思考题。

思　考　题

1. 在串级温度控制系统中，主、副回路各自起什么作用？
2. 分析当干扰变量 f_1 和 f_2 同时出现时，换热器串级温度控制系统是如何工作的？

实验 11　换热器前馈温度控制实验

1. 实验目的

（1）掌握前馈控制系统的基本原理和前馈温度控制的工作过程。

（2）采用试凑法对 PID 调节规律进行参数整定，测定在阶跃激励下换热器管程出口温度的过渡过程，评价控制系统的控制质量。

2. 实验装置

过程设备与控制多功能实验台。

3. 实验内容

（1）采用试凑法对换热器出口温度前馈控制系统进行参数整定，确定 PID 控制模型中的比例度 P、积分时间 T_I 和微分时间 T_D 参数。

（2）利用管程热水温度的变化施加干扰，测量换热器出口温度的过渡过程曲线，通过计算控制系统的性能指标，评价流量控制系统的品质指标。

（3）在控制系统主界面上进行换热器出口温度的设定，并在 PID 控制模型中通过设置不同的比例度 P、积分时间 T_I、微分时间 T_D 等控制参数，观察 P、I、D 参数大小对过渡过程品质指标的影响。

4. 实验原理

换热器前馈温度控制实验流程如图 5 – 29 所示，换热器壳程走冷水，管程走热水。由热水泵将燃油炉中的热水从换热器管程 a 端送入，从换热器管程 b 端流出。

图 5 – 30 为换热器前馈温度控制实验系统图，控制系统的被控变量为换热器管程 b 点的热水温度 T_2，操纵变量为流过换热器壳程的冷流体流量 q_v、干扰为管程进口温度变化 f，执行器为变频器与泵电机的组合。

换热器前馈温度控制系统方框图如图 5 – 31 所示，控制系统为开环控制系统。PID 前馈补偿器按 PID 控制算法计算控制输出控制信号，驱动变频器改变冷水泵电机转速，调节换热器壳程冷水流量，通过换热器管程和壳程之间

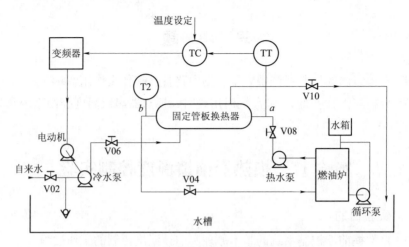

图 5 - 29　换热器前馈温度控制实验流程图

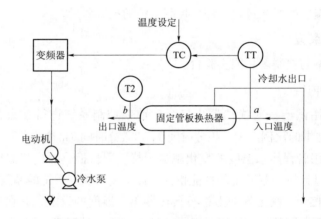

图 5 - 30　换热器前馈温度控制实验系统图

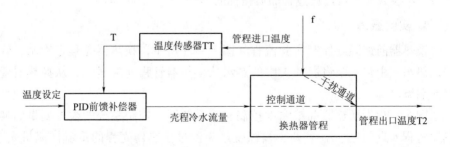

图 5 - 31　换热器出口温度前馈控制系统方框图

流体的热量交换达到控制换热器管程出口热水温度 T_2 的目的。

前馈补偿器采用数字式 PID 调节器，其控制算法是将连续的 PID 控制规律离散化。数字式 PID 的具体算法可参考实验 12：DDC 编程实验。

本实验中的 P、I、D 参数整定采用试凑法。经验试凑法根据被控变量的性质在已知合适的参数（经验参数）范围内选择一组适当的值作为调节器当前的参数值，在运行的系统中，施加阶跃激励，通过观察记录仪表上的过渡过程曲线，并以比例度、积分时间、微分时间对过渡过程的影响为指导，按照某种顺序反复试凑比例度、积分时间、微分时间的大小，直到获得满意的过渡过程曲线为止。

5. 实验步骤

（1）将实验台控制方式设置为 DDC 方式，流量控制和压力控制设置为手动，冷水泵启动方式设为变频启动，并打开冷水泵电源，将热水泵和循环泵设定为开启状态。

（2）在控制程序主界面上按照实验台上的温度显示值设定换热器管程出口温度，并输入参数 K_P、T_I、T_D 的值。

（3）在控制程序主界面上点击开始按钮，之后需对冷水泵进行灌泵。

（4）打开热水炉将管程进口温度提高，造成人为干扰，观察换热器管程出口温度的恢复过程。

（5）当换热器管程出口温度稳定后，鼠标点击记录开始按钮，开始记录数据。

（6）点击数据查看菜单，进行数据导出，最后点击退出按钮，退出控制系统。

6. 数据记录和整理

（1）利用经验试凑法分别对 P、PI 和 PID 调节规律进行参数整定，找出相应的调节器参数 P、I、D，填入表 5-23 中。

（2）在经过整定后的换热器管程出口温度控制系统上做出的换热器管程出口温度过渡过程曲线上分别求出最大偏差 A、衰减比 n、余差、振荡周期及过渡时间 t_s 等描述过渡过程的品质指标，并填入表 5-24，然后对过渡过程的品质进行评价。

7. 实验报告要求

（1）写出实验目的、实验内容、经验试凑法的整定步骤和对管程进口温度施加激励的步骤。

（2）绘制在管程进口温度的激励下的换热器管程出口温度过渡过程曲线和计算过渡过程的品质指标的计算过程。

（3）回答思考题。

表 5 – 23　经验试凑法整定数据

控制规律	K_p	T_I	T_D
P			
PI			
PID			

表 5 – 24　换热器管程出口温度前馈控制系统过渡过程的品质指标

最大偏差 A / (L·s⁻¹)	衰减比 n	余差 / (L·s⁻¹)	振荡周期/s	过渡时间 t_s/s

思　考　题

1. 前馈控制系统采用开环控制方式，此方式与闭环控制系统比较有何特点？
2. 前馈控制系统的控制通道和干扰通道的作用是什么？
3. 如果前馈控制系统的控制效果不理想，可采取什么改进措施？

实验 12　DDC 编程实验

1. 实验目的

（1）了解计算机数字直接控制 DDC 的工作过程，掌握 PID 调节规律数字化的方法；

（2）编写增量式 PID 算法的程序，用于离心泵压力控制等系统，并测定在阶跃激励下被控变量的过渡过程。

2. 实验装置

过程设备与控制多功能实验台。

3. 实验内容。

使用 VB 编写增量式 PID 算法的程序模块，编写控制程序主界面及 A/D 数据采集和 D/A 数字输出程序，用于离心泵压力控制或流量控制以及前馈温度控制系统，并测定在阶跃激励下被控变量的过渡过程，评价控制系统的控制质量。

4. 实验原理

1）DDC 系统的主要功能

在 DDC 系统中，微型计算机直接参与了闭环控制过程。它的操作功能包括：使用 A/D 转换器采集被控变量数值即被控变量的采样，得到与被控变量相对应的数值量 y_m；从程序主界面上读取被控变量的设定值 y_s，计算偏差 $e = y_s - y_m$；执行控制算法程序，并将计算结果输出到 D/A 转换器，把数字量的计算结果转换成模拟信号，送到执行器（变频器或调节阀）去执行。

最后通过整定确定控制算法中的控制参数，如 PID 控制模型中的比例度 P、积分时间 T_I 和微分时间 T_D，测定在阶跃激励下被控变量的过渡过程。

2）增量式 PID 控制算法

在计算机控制系统中使用的是数字 PID 控制器，其控制算法是将连续的 PID 控制规律离散化。

$$\Delta u(t) = K_P \left[e(t) + \frac{1}{T_I} \int_0^t e(t) \, dt + T_D \cdot \frac{de(t)}{dt} \right] \qquad (5-35)$$

按式（5-35）算式，以一系列的采样时刻点 kT 代表连续时间，以和式代替积分，以增量代替微分，可得到离散后的数字 PID 算法，如式（5-36）：

$$u(k) = K_P \left\{ e(k) + \frac{T}{T_I} \sum_{i=0}^k e(i) + \frac{T_D}{T} [e(k) - e(k-1)] \right\} \qquad (5-36)$$

式中　K_P——比例系数；

$\quad\quad\ T_I$——积分时间常数；

$\quad\quad\ T_D$——微分时间常数；

$\quad\quad\ T$——采样周期；

$\quad\quad\ k$——采样序号，$k = 0, 1, 2, \cdots$；

$\quad\quad\ u(k)$——第 k 次采样时刻的计算机输出值；

$\quad\quad\ e(k)$——第 k 次采样时刻输入的偏差值；

$\quad\quad\ e(k-1)$——第 $(k-1)$ 次采样时刻输入的偏差值。

当执行机构需要的是控制量的增量时，可由导出增量式的 PID 控制算式。PID 运算的输出增量为前后两次采样所计算的位置值之差值，如式（5-37）：

$$\Delta e(k) = e(k) - e(k-1) \qquad (5-37)$$

根据式（5-36）有：

$$\Delta u(k) = K_P \cdot [e(k) - e(k-1)] + K_I \cdot e(k) + K_D \cdot [e(k) - 2e(k-1) + e(k-2)]$$

由式（5-37）增量式 PID 的输出可写成式（5-38）形式：

$$\Delta u(k) = K_P \cdot \Delta e(k) + K_I \cdot e(k) + K_D \cdot [\Delta e(k) - \Delta e(k-1)] \qquad (5-38)$$

式（5－38）称为增量式 PID 算法，图 5－32 为增量式 PID 控制算法程序框图。

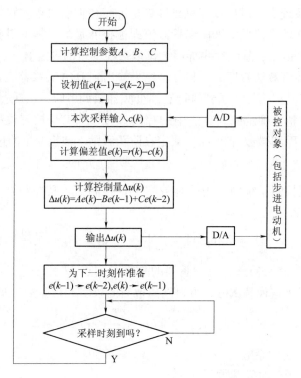

图 5－32 增量式 PID 控制算法程序框图

由于计算机控制系统采用恒定的采样周期 T，一旦确定了 K_P、K_I、K_D，只要使用前后 3 次测量值的偏差，即可由式（5－38）求出控制的增量值。

5. 实验步骤

（1）使用 VB 编写控制程序主界面，在窗体上应能写入设定值 K_P、K_I、K_D 值以及显示被控变量的实时记录曲线。

（2）参考数采卡说明书编写被控变量的采样程序，被控变量的通道号可查阅实验装置使用说明书中的参数表。

（3）参考增量式 PID 控制算法程序框图，编写数字 PID 控制算法程序。

（4）将实验台控制方式设置为 DDC 方式，流量控制和压力控制设置为手动，冷水泵启动方式设为变频启动，并打开冷水泵电源。

（5）在控制程序主界面上设置被控变量的设定值和控制参数 K_P、K_I、K_D 值，进行程序调试。

（6）参照实验8或实验9中对被控变量施加阶跃激励的方法，对控制系统施加阶跃激励，测定被控变量的过渡过程曲线。

6. 实验报告要求

（1）写出实验目的、实验内容、控制模型原程序清单及注释。

（2）写出控制程序上机调试的过程。

（3）执行经过调试后的控制程序，绘制在阶跃激励下，被控变量的过渡过程曲线。

（4）回答思考题。

思　考　题

1. DDC 系统中采用周期 T 的大小，对控制系统产生什么影响？

2. 增量式 PID 的特点是什么？

（三）计算示例

3.1 离心泵扬程、轴功率及效率的计算示例

在离心泵恒转速性能测定实验中，现测得流量 $q_v = 0.34$ L/s；离心泵进口压力 $P_{in} = -0.0118$ MPa；离心泵出口压力为 $P_{out} = 0.672$ MPa；转矩 $M = 5.819$ N·m；平均转数 $n = 2\,582$ r/min，试计算离心泵的扬程、轴功率及效率。

解：

3.1.1 离心泵的扬程 H 计算

根据测得数据有：

$$c_{in} = \frac{q_v}{\frac{\pi}{4} \times d_{in}^2} = \frac{0.34 \times 10^{-3}}{\frac{\pi}{4} \times 0.032^2} = 0.423 \ (\text{m/s})$$

$$c_{out} = \frac{q_v}{\frac{\pi}{4} \times d_{out}^2} = \frac{0.34 \times 10^{-3}}{\frac{\pi}{4} \times 0.025^2} = 0.693 \ (\text{m/s})$$

离心泵进口压力测量点和离心泵出口压力测量点高度相同，$\Delta z = 0$，因此有：

$$H = \frac{P_{out} - P_{in}}{\rho \cdot g} + \frac{c_{out}^2 - c_{in}^2}{2g} = \frac{(0.672 + 0.0118) \times 10^6}{1000 \times 9.81} + \frac{0.693^2 - 0.423^2}{2 \times 9.81}$$
$$= 67.3 \ (\text{m})$$

3.1.2 离心泵的轴功率 N 的计算

$$N = \frac{M \cdot n}{9\,554} = \frac{5.189 \times 2\,582}{9\,554} = 1.57 \ (\text{kW})$$

3.1.3 离心泵的效率 η 的计算

$$N_e = \frac{H \cdot q_v \cdot \rho \cdot g}{1\,000} = \frac{67.32 \times 0.34 \times 10^{-3} \times 1\,000 \times 9.81}{1\,000} = 0.22 \ (\text{kW})$$

因此：
$$\eta = \frac{N_e}{N} \times 100\% = \frac{0.22}{1.57} \times 100\% = 14.01\%$$

3.2　换热器壳体应力的实验测定和理论计算

3.2.1　只受壳程压力载荷作用

让冷水走壳程，记录下某测点在不同压力下的应变值如表 5 – 25 所示。

表 5 – 25　某测点壳程进出口压力与应变值

P_{si} / MPa	P_{so} / MPa	测 点	ε_θ	ε_z
0. 189 7	0. 175 5		20. 231	1. 837
0. 409 7	0. 388 6	1	29. 427	– 2. 756
0. 627 8	0. 596 2		39. 544	– 5. 512
0. 804 6	0. 785 0		49. 660	– 9. 186

试求其实测和理论应力值。

（1）实测应力计算。

壳程流体压力取壳程流体进、出口压力的平均值：

$$P_s = \frac{P_{si} + P_{so}}{2}$$

由此得：$P_{s1} = 0.182\ 6$ MPa；$P_{s2} = 0.399\ 2$ MPa；$P_{s3} = 0.612\ 0$ MPa；$P_{s4} = 0.794\ 8$ MPa。

作 ε_θ – P_s 和 ε_z – P_s 关系曲线，并进行线性拟合。因为当 $P_s = 0$ 时，$\varepsilon_\theta = 0$，$\varepsilon_z = 0$，可得应变与压力的关系为：

$$\varepsilon_\theta = 47.910\ 7P_s；\varepsilon_z = -17.474\ 2P_s$$

根据应变可以求出应力值。由此能求出各种压力下的应力和应变，如表 5 – 26 所示。

表 5 – 26　由应变求得应力值

测点	P_s /MPa	ε_θ	ε_z	σ_θ /MPa	σ_z /MPa
	0. 20	9. 582	– 3. 495	1. 969	– 0. 143
1	0. 40	19. 164	– 6. 989	3. 939	– 0. 286
	0. 60	28. 746	– 10. 485	5. 908	– 0. 429
	0. 80	38. 329	– 13. 979	7. 877	– 0. 573

（2）理论应力计算。

壳体中环向应力 σ_θ 由下式计算：

$$\sigma_\theta = \frac{P_s \cdot D_i}{2t}$$

式中　D_i——壳体内径，$D_i = 0.151$ m；

　　　t——壳体壁厚，$t = 0.004$ m；

壳体中轴向应力 σ_z 计算比较复杂，它包括作用在管板上的流体压力引起的轴向应力以及壳体在压力作用下的径向变形所引起的轴向应力（泊松效应，注意壳体和管子及管板构成了静不定系统），且和管板的变形有关，这里不作计算。

σ_θ 的计算结果如表 5-27 所示。

表 5-27　σ_θ 理论计算结果

P_s /MPa	σ_θ /MPa
0.20	2.538
0.40	5.075
0.60	7.613
0.80	10.150

3.2.2　受壳程压力和温度载荷联合作用

让热水走管程、冷水走壳程，记录下某测点在不同压力、温度下的应变值如表 5-28 所示。

表 5-28　不同压力、温度下的应变值

T_1 /℃	T_2 /℃	t_1 /℃	t_2 /℃	P_{ti} /MPa	P_{to} /MPa	P_{si} /MPa	P_{so} /MPa	测点	ε_z	ε_θ
73.747	54.7	17.472	51.072	0.100 6	0.097 0	0.516 6	0.471 9		70.811	101.053
73.105	54.3	17.664	52.055	0.105 0	0.092 1	0.503 5	0.479 3		74.490	109.322
61.884	47.6	17.664	44.857	0.106 4	0.092 1	0.493 3	0.472 9	1	70.811	96.459
51.544	40.4	17.855	37.422	0.108 4	0.095 5	0.495 2	0.473 8		67.132	82.678

3.2.3　计算实测及理论应力

（1）流体进出口温度计算。

以表 5-28 中第一组数据为例进行计算。

① 计算 T_1'：

$$S_{t1} = \pi \cdot d_i \cdot l_{t1} = \pi \times 0.025 \times 0.3 = 0.023\ 6\ (\text{m}^2)$$

$$T_1 = 73.747\ ℃, t_0 = 17\ ℃, V_t = 1.30\ \text{L/s}$$

根据 T_1 由《化工原理》查得流体密度 ρ_t、比热 c_{pt}、导热系数 λ_t 及黏度 μ_t 和 μ_w 数值如下：

$\rho_t = 976.6\ \text{kg/m}^3$，$c_{pt} = 4.189\ \text{kJ/(kg·K)}$，$\lambda_t = 0.669\ \text{W/(m·K)}$，$\mu_t = \mu_w = 0.396\ \text{MPa·s}$（设管壁温和流体温度相等）

则：

$$u_t = \frac{V_t}{\frac{\pi}{4}d_i^2} = \frac{1.30 \times 10^{-3}}{\frac{\pi}{4} \times 0.025^2} = 2.648\ (\text{m/s})$$

$$R_e = \frac{d_i \cdot u_t \cdot \rho_t}{\mu_t} = \frac{0.025 \times 2.648 \times 976.6}{0.396 \times 10^{-3}}$$

$$= 1.633 \times 10^5 > 4\,000 \quad \text{所以为湍流}$$

$$P_r = \frac{c_{pt} \cdot \mu_t}{\lambda_t} = \frac{4.189 \times 0.396}{0.669} = 2.480$$

$$K_{t1} = \alpha_{t1} = 0.027 \times \frac{\lambda_t}{d_i} \times R_e^{0.8} \times P_r^{0.33} \times \left(\frac{\mu_t}{\mu_w}\right)^{0.14}$$

$$= 0.027 \times \frac{0.669}{0.025} \times (1.633 \times 10^5)^{0.8} \times 2.480^{0.33} \times 1$$

$$= 14\,433\ [\text{W/(m}^2\cdot\text{K)}]$$

将各数据代入下式可得：

$$T_1' = \frac{V_t \cdot \rho_t \cdot c_{pt} \cdot T_1 + S_{t1} \cdot K_{t1} \cdot t_0 - \dfrac{S_{t1} \cdot K_{t1} \cdot T_1}{2}}{\dfrac{S_{t1} \cdot K_{t1}}{2} + V_t \cdot \rho_t \cdot c_{pt}}$$

$$= \frac{1.30 \times 10^{-3} \times 976.6 \times 4.189 \times 10^3 \times 73.747 + 0.023\,6 \times 14\,433 \times 17 - \dfrac{0.023\,6 \times 1\,443 \times 73.746\,71}{2}}{\dfrac{0.023\,6 \times 1\,443}{2} + 1.30 \times 10^{-3} \times 976.6 \times 4.189 \times 10^3}$$

$$= 70.225\ (\text{℃})$$

严格讲，应取 T_1 和 T_1' 的平均值，然后查物性数据再进行试算，直至相邻两次计算出的 T_1' 相接近为止，但这里不作要求。下面的 T_2' 和 t_2' 计算类似。

② 计算 T_2'：

$$S_{t2} = \pi \cdot d_i \cdot l_{t2} = \pi \times 0.025 \times 0.3 = 0.023\,6\ (\text{m}^2)$$

$$T_2 = 54.7\ \text{℃}, \ t_0 = 17\ \text{℃}, \ V_t = 1.30\ \text{L/s}$$

根据 T_2 由《化工原理》查得流体密度 ρ_t、比热 c_{pt}、导热系数 λ_t 及黏度 μ_t 和 μ_w 数值如下：

$\rho_t = 984.7\ \text{kg/m}^3$，$c_{pt} = 4.177\ \text{kJ/(kg·K)}$，$\lambda_t = 0.656\ \text{W/(m·K)}$，

$\mu_t = \mu_w = 0.494\ \text{MPa·s}$

则：
$$u_t = \frac{V_t}{\frac{\pi}{4}d_i^2} = \frac{1.30 \times 10^{-3}}{\frac{\pi}{4} \times 0.025^2} = 2.648 \ (\text{m/s})$$

$$R_e = \frac{d_i \cdot u_t \cdot \rho_t}{\mu_t} = \frac{0.025 \times 2.648 \times 984.7}{0.494 \times 10^{-3}}$$

$$= 1.320 \times 10^5 > 4\,000, \ \text{为湍流}$$

$$P_r = \frac{c_{pt} \cdot \mu_t}{\lambda_t} = \frac{4.174 \times 0.494}{0.656} = 3.146$$

$$K_{t2} = \alpha_{t2} = 0.027 \times \frac{\lambda_t}{d_i'} \times R_e^{0.8} \times P_r^{0.33} \times \left(\frac{\mu_t}{\mu_w}\right)^{0.14}$$

$$= 0.027 \times \frac{0.656}{0.025} \times (1.319\,7 \times 10^5)^{0.8} \times 3.146^{0.33} \times 1$$

$$= 12\,911 \ [\text{W/}(\text{m}^2 \cdot \text{K})]$$

将各数据代入下式可得

$$T_2' = \frac{V_t \cdot \rho_t \cdot c_{pt} \cdot T_2 - S_{t2} \cdot K_{t2} \cdot t_0 + \dfrac{S_{t2} \cdot K_{t2} \cdot T_2}{2}}{V_t \cdot \rho_t \cdot c_{pt} - \dfrac{S_{t2} \cdot K_{t2}}{2}}$$

$$= \frac{1.30 \times 10^{-3} \times 984.7 \times 4.177 \times 10^3 \times 54.7 + 0.023\,6 \times 12911 \times 17 - \dfrac{0.023\,6 \times 12911 \times 54.7}{2}}{\dfrac{0.023\,6 \times 12911}{2} + 1.30 \times 10^{-3} \times 984.7 \times 4.177 \times 10^3}$$

$$= 56.911 \ (\text{℃})$$

③ 计算 t_2'：

$$S_{s2} = \pi \cdot d_i \cdot l_{s2} = \pi \times 0.025 \times 0.3 = 0.023\,6 \ (\text{m}^2)$$

$$t_2 = 51.072 \ \text{℃}, \ t_0 = 17 \ \text{℃}, \ V_s = 0.40 \ \text{L/s}$$

根据 t_2 由《化工原理》查得流体密度 ρ_t、比热 c_{pt}、导热系数 λ_t 及黏度 μ_t 和 μ_w 数值如下：

$$\rho_s = 986.6 \ \text{kg/m}^3, c_{ps} = 4.175 \ \text{kJ/}(\text{kg} \cdot \text{K}), \lambda_s = 0.651 \ \text{W/}(\text{m} \cdot \text{K}),$$

$$\mu_s = \mu_w = 0.525 \ \text{MPa} \cdot \text{s}$$

则：
$$u_s = \frac{V_s}{\frac{\pi}{4}d_i^2} = \frac{0.40 \times 10^{-3}}{\frac{\pi}{4} \times 0.025^2} = 0.814\,9 \ (\text{m/s})$$

$$R_e = \frac{d_i \cdot u_s \cdot \rho_s}{\mu_s} = \frac{0.025 \times 0.814\,9 \times 986.6}{0.525 \times 10^{-3}}$$

$$= 3.828\,5 \times 10^4 > 4\,000 \quad \text{所以为湍流}$$

$$P_r = \frac{c_{ps} \cdot \mu_s}{\lambda_s} = \frac{4.175 \times 0.525}{0.651} = 3.3669$$

$$K_{s2} = \alpha_{s2} = 0.027 \times \frac{\lambda_t}{d_i} \times R_e^{0.8} \times P_r^{0.33} \times \left(\frac{\mu_t}{\mu_w}\right)^{0.14}$$

$$= 0.027 \times \frac{0.651}{0.025} \times (3.8285 \times 10^4)^{0.8} \times 3.3669^{0.33} \times 1$$

$$= 4868.7 \ [\text{W/(m}^2 \cdot \text{K)}]$$

将各数据代入下式可得：

$$t_2' = \frac{V_s \cdot \rho_s \cdot c_{ps} \cdot t_2 - S_{s2} \cdot K_{s2} \cdot t_0 + \dfrac{S_{s2} \cdot K_{s2} \cdot t_2}{2}}{V_s \cdot \rho_s \cdot c_{ps} - \dfrac{S_{s2} \cdot K_{s2}}{2}}$$

$$= \frac{0.40 \times 10^{-3} \times 986.6 \times 4.175 \times 10^3 \times 51.07172 + 0.0236 \times 4868.7 \times 17 - \dfrac{0.0236 \times 4868.7 \times 51.07172}{2}}{\dfrac{0.0236 \times 4868.7}{2} + 0.40 \times 10^{-3} \times 986.6 \times 4.175 \times 10^3}$$

$$= 53.534 \ (\text{℃})$$

（2）实测应力计算。

管子壁温 t_t 和壳体壁温 t_s 近似计算如下：

$$t_t = \frac{T_1' + T_2' + t_1 + t_2'}{4} = \frac{70.225 + 56.911 + 17.473 + 53.534}{4} = 49.5356 \ (\text{℃})$$

$$t_s = \frac{t_1 + t_2'}{2} = \frac{17.473 + 53.534}{2} = 35.503 \ (\text{℃})$$

因此，管子和壳体之间的温差为：

$$\Delta t = t_t - t_s = 49.536 - 35.503 = 14.033 \ (\text{℃})$$

对于其他组数据，作同样计算，结果见表 5 - 29 所示。

表 5 - 29　管子壁温和壳体壁温

t_t /℃	t_s /℃	Δt /℃
49.536	35.503	14.033
49.592	36.137	13.455
43.261	32.212	11.049
36.979	28.290	8.689

作 $\varepsilon_\theta - \Delta t$ 和 $\varepsilon_z - \Delta t$ 关系曲线，并进行线性拟合。因为当 $\Delta t = 0$ 时，$\varepsilon_\theta = 0$，$\varepsilon_z = 0$，可得应变与温差的关系为：

$$\varepsilon_\theta = 0.976 \Delta t \ ; \ \varepsilon_z = 4.142 \Delta t$$

根据应变可以求出应力值。由此能求出各种温差下的应力和应变，如表 5 – 30 所示。

表 5 – 30　应力应变值

测点	Δt /℃	ε_θ	ε_z	σ_z / MPa
1	8	7.809	33.134	8.187
	12	11.713	49.702	12.281
	15	14.642	62.127	15.351
	20	19.522	82.837	20.468

（3）理论应力计算。

压力和温度载荷联合作用下壳体中轴向应力 σ_z 的计算比较复杂，这是由于壳体、管子和管板连接结构是一个静不定系统。目前常见的理论分析模型有两种：一种是将管板作为刚性板处理（参见聂清德主编的《化工设备设计》，化工出版社，1996），不考虑管板的变形，也不考虑管孔的削弱作用，这种计算模型简单，但误差较大。另一种模型是将管板当作弹性板（参见余国琮主编、天津大学等院校合编的《化工容器及设备》，化学工业出版社，1998），考虑管子的支撑作用和管孔的削弱作用，这种计算模型复杂，但误差较小。另外，还可以应用有限元进行数值计算，有研究论文表明，有限元计算结果和弹性管板计算结果相接近。

σ_z 的理论计算不作要求。

3.3　热量 Q_t 和热损失 ΔQ 的计算示例

[例] 在换热性能实验中，热流体的进口温度 $T_1 = 82.60$ ℃，出口温度 $T_2 = 62.10$ ℃；冷流体的进口温度 $t_1 = 18.19$ ℃，$t = 62.32$ ℃；热流体流量 $V_t = 1.31$ L/s；冷流体流量 $V_s = 0.34$ L/s。试计算换热器的热量 Q_t 和热损失 ΔQ。

解：

热流体进出口平均温度为

$$t_{mt} = \frac{T_1 + T_2}{2} = \frac{82.60 + 62.10}{2} = 72.35 \ (℃)$$

由 t_{mt} 查《化工原理》中的附表可得：

$$\rho_t = 976.39 \ \text{kg/m}^3 ; \ c_{pt} = 4.189 \ \text{kJ/(kg · K)}$$

因此，

$$m_t = V_t \cdot \rho_t = 1.31 \times 10^{-3} \times 976.39 = 1.279 \ (\text{kg/s})$$

$$\begin{aligned} Q_t &= m_t \cdot c_{pt} \cdot (T_1 - T_2) \\ &= 1.279 \times 4.189 \times (82.60 - 62.10) = 109.83 \ (\text{kW}) \end{aligned}$$

冷流体进出口平均温度为：

$$t_{ms} = \frac{t_1 + t_2}{2} = \frac{18.19 + 62.32}{2} = 40.26 \ (\text{℃})$$

由 t_{ms} 查《化工原理》附表可得：

$$\rho_s = 992.09 \ \text{kg/m}^3 ; \quad c_{ps} = 4.174 \ \text{kJ/(kg} \cdot \text{K)}$$

因此，

$$m_s = V_s \cdot \rho_s = 0.34 \times 10^{-3} \times 992.09 = 0.337 \ (\text{kg/s})$$

$$Q_s = m_s \cdot c_{ps} \cdot (t_2 - t_1) = 0.337 \times 4.174 \times (62.32 - 18.19) = 62.07 \ (\text{kW})$$

损失的热量为：

$$\Delta Q = Q_t - Q_s = 109.83 - 62.07 = 47.76 \ (\text{kW})$$

平均温差：

$$\Delta t_m = \frac{(T_1 - t_2) - (T_2 - t_1)}{\ln\left(\dfrac{T_1 - t_2}{T_2 - t_1}\right)}$$

$$= \frac{(82.60 - 62.32) - (62.10 - 18.19)}{\ln\left(\dfrac{82.60 - 62.32}{62.10 - 18.19}\right)} = 30.59 \ (\text{℃})$$

3.4　总传热系数 K 的计算示例

实验测得换热器热水进口温度 $T_1 = 75.15 \ \text{℃}$，出口温度 $T_2 = 37.60 \ \text{℃}$；冷水进口温度 $t_1 = 18.43 \ \text{℃}$，出口温度 $t_2 = 42.06 \ \text{℃}$；热水走管程，其流量 $V_t = 0.28 \times 10^{-3} \ \text{m}^3/\text{s}$，冷水走壳程，其流量为 $0.40 \times 10^{-3} \ \text{m}^3/\text{s}$。试计算总传热系数 K。

解：以下计算参照（谭天恩、麦本熙、丁惠华编著的《化工原理》，化工出版社，1996）。

3.4.1　实测传热膜系数 K 的计算

（1）计算流体进出口温度。

同 3.2 步骤相同，计算得到热水进口温度 $T_1' = 70.27 \ \text{℃}$；热水出口温度 $T_2' = 38.99 \ \text{℃}$；冷水出口温度 $t_2' = 43.70 \ \text{℃}$。

（2）计算实测传热系数（按冷水计算）。

$$A = \pi \cdot d_o \cdot n \cdot l = \pi \times 0.014 \times 29 \times 0.792 = 1.01 \ (\text{m}^2)$$

$$\Delta t_m = \frac{(T'_1 - t'_2) - (T'_2 - t_1)}{\ln\left(\frac{T'_1 - t'_2}{T'_2 - t_1}\right)}$$

$$= \frac{(70.28 - 43.70) - (38.99 - 18.43)}{\ln\left(\frac{70.28 - 43.70}{38.99 - 18.43}\right)} = 23.44 \ (\text{℃})$$

冷流体进出口平均温度：

$$t_{ms} = \frac{t_1 + t'_2}{2} = \frac{18.43 + 43.70}{2} = 31.07 \ (\text{℃})$$

查《化工原理》附录可得：

$$\rho_s = 985.8 \ \text{kg/m}^3, \ c_{ps} = 4.174 \ \text{kJ/(kg} \cdot \text{K)}$$

因此，

$$Q_s = V_s \cdot \rho_s \cdot c_{ps} \cdot (t'_2 - t_1)$$
$$= 0.40 \times 10^{-3} \times 995.3 \times 4.174 \times (43.70 - 18.43) = 42.0 \ (\text{kW})$$

$$K = \frac{Q_s}{A \cdot \Delta t_m} = \frac{42.0 \times 10^3}{1.01 \times 23.44} = 1\ 774.1 \ [\text{W/(m}^2 \cdot \text{K)}]$$

3.4.2 理论传热系数计算

（1）热水传热系数 α_t 的计算。

热水进出口平均温度为：

$$t_{mt} = \frac{T'_1 + T'_2}{2} = \frac{70.27 + 38.99}{2} = 54.63 \ (\text{℃})$$

由于管内外均为水，取管壁温度为内外介质的平均温度，即

$$t_w = \frac{t_{ms} + t_{mt}}{2} = \frac{31.07 + 54.63}{2} = 42.85 \ (\text{℃})$$

由 t_{mt}，t_w 查《化工原理》中的附表可得：

$\lambda_t = 0.653 \ \text{W/(m} \cdot \text{K)}$，$\mu_t = 0.512 \times 10^{-3} \ \text{Pa} \cdot \text{s}$，

$c_{pt} = 4.174 \times 10^3 \text{J/(kg} \cdot \text{K)}$，$\rho_t = 985.8 \ \text{kg/m}^3$，

由 t_w 查得 $\mu_w = 0.623 \times 10^{-3} \ \text{Pa} \cdot \text{s}$

热水流速：

$$u_t = \frac{V_t}{A_t} = \frac{V_t}{\frac{\pi}{4} \cdot d_i^2 \cdot n} = \frac{0.28 \times 10^{-3}}{0.785 \times 0.011^2 \times 29} = 0.102 \ (\text{m/s})$$

由于

$$R_e = \frac{d_i \cdot u_t \cdot \rho_t}{\mu_t} = \frac{11 \times 10^{-3} \times 0.052\ 3 \times 985.8}{0.512 \times 10^{-3}} = 1\ 108 < 2\ 000，因此，$$

热水在管内为层流。由公式 $N_u = 1.86\ R_e^{1/3} \cdot P_r^{1/3} \cdot \left(\dfrac{d_i}{l}\right)^{1/3} \cdot \left(\dfrac{\mu_t}{\mu_w}\right)^{0.14}$ 得

$$\alpha_t = \frac{\lambda_t}{d_i} \times 1.86 R_e^{1/3} \cdot P_r^{1/3} \cdot \left(\frac{d_i}{l}\right)^{1/3} \cdot \left(\frac{\mu_t}{\mu_w}\right)^{0.14}$$

$$P_r = \frac{c_{pt} \cdot \mu_t}{\lambda_t} = \frac{4.174 \times 0.512}{0.653} = 3.273$$

因此，

$$\alpha_t = \frac{\lambda_t}{d_i} \times 1.86 R_e^{1/3} \cdot P_r^{1/3} \cdot \left(\frac{d_i}{l}\right)^{1/3} \cdot \left(\frac{\mu_t}{\mu_w}\right)^{0.14}$$

$$= \frac{0.653}{7 \times 10^{-3}} \times 1.86 \times 705^{1/3} \times 3.273^{1/3} \times \left(\frac{0.007}{1.092}\right)^{1/3} \times \left(\frac{0.512}{0.623}\right)^{0.14}$$

$$= 414\ [W/\ (m^2 \cdot K)]$$

上式满足 $R_e < 2\ 300，6\ 700 > P_r > 0.6，R_e \cdot P_r \cdot \dfrac{d_i}{l} > 10$ 的条件。

由于 $G_r = \dfrac{g \cdot d_i^3 \cdot \rho_t^2 \cdot \beta \cdot \Delta t}{\mu_t^2}$

$$= \frac{9.81 \times 0.011^3 \times 985.8^2 \times \dfrac{1}{54.64 + 273} \times (54.64 - 31.07)}{(0.512 \times 10^{-3})^2}$$

$$= 3.48 \times 10^6 > 25\ 000$$

式中 β ——容积膨胀系数，1/K；

Δt ——热流体平均温度与冷流体平均温度之差，℃。

所以，应考虑自然对流的影响，影响因子为：

$$f = 0.8 \times (1 + 0.015 G_r^{1/3}) = 0.8 \times [1 + 0.015 \times (3.48 \times 10^6)^{1/3}] = 2.62$$

因而，

$$\alpha_t = 414 \times 2.62 = 1\ 084\ W/(m^2 \cdot K)$$

（2）冷水传热系数 α_s 的计算。

冷水进出口平均温度为：

$$t_{ms} = 31.07\ ℃$$

由 t_{ms} 查《化工原理》中的附表可得：

$$\lambda_s = 0.620\ W/(m \cdot K)；\mu_s = 0.785 \times 10^{-3}\ Pa \cdot s；c_{ps} = 4.174 \times 10^3\ J/(kg \cdot K)；$$

$$\rho_s = 995.3\ kg/m^3$$

冷水流速：

$$u_s = \frac{V_s}{A_s} = \frac{V_s}{D_i \cdot h \cdot (1 - d_o/t)}$$

$$= \frac{0.40 \times 10^{-3}}{0.151 \times 0.108 \times (1 - 14/19)} = 0.0929 \ (m/s)$$

式中　D_i——换热器内径，$D_i = 0.151$ m;

　　　h——折流板间距，$h = 0.108$ m;

　　　t——管中心距，$t = 0.019$ m。

壳程当量直径：

$$d_e = \frac{4\left(\frac{\sqrt{3}}{2}t^2 - \frac{\pi}{4}d_o^2\right)}{\pi d_o} = \frac{4\left(\frac{\sqrt{3}}{2} \times 19^2 - \frac{\pi}{4} \times 14^2\right)}{\pi \times 14} = 14.43 \ (mm)$$

由公式 $\frac{\alpha_s \cdot d_e}{\lambda_s} = 0.36\left(\frac{d_e \cdot u_s \cdot \rho}{\mu_s}\right)^{0.55} \cdot \left(\frac{c_{ps} \cdot \mu_s}{\lambda_s}\right)^{1/3} \cdot \left(\frac{\mu_s}{\mu_w}\right)^{0.14}$ 可得：

$$\alpha_s = \frac{0.620}{14.43 \times 10^{-3}} \times 0.36 \times$$

$$\left(\frac{14.43 \times 10^{-3} \times 0.0796 \times 995.3}{0.785 \times 14^{-3}}\right)^{0.55} \times \left(\frac{4.174 \times 0.785}{0.620}\right)^{1/3} \times \left(\frac{0.785}{0.623}\right)^{0.14}$$

$$= 1704 \ [W/(m^2 \cdot K)]$$

考虑流体短路等原因，取影响系数为 0.7（一般取 0.6 ~ 0.8），因此，

$$\alpha_s = 0.7 \times 1704 = 1193 \ [W/(m^2 \cdot K)]$$

（3）总传热系数 K 的计算。

对于新换热器，可不考虑污垢热阻。因此，总传热系数 K 为：

$$\frac{1}{K} = \frac{1}{\alpha_s} + \frac{t_s}{\lambda} \times \frac{d_o}{d_m} + \frac{1}{\alpha_t} \times \frac{d_o}{d_i}$$

式中　t_s——换热管壁厚，$t_s = 1.5$ mm;

　　　λ——不锈钢导热系数，根据管壁温度查取；

　　　d_m——换热管中径，$d_m = \frac{d_o + d_i}{2}$。

总传热系数 K 为：

$$K = 1/\left(\frac{1}{1193} + \frac{0.0015}{17} \times \frac{14}{8.5} + \frac{1}{811} \times \frac{14}{7}\right)$$

$$= 369.9 \ [W/(m^2 \cdot K)]$$

3.5　换热器管程、壳程压力降计算

在换热器管程、壳程压力降实验中，测得管程流体流量 $V_t = 1.82$ L/s,

管程入口压力 P_{t1} = 0.539 MPa，出口压力 P_{t2} = 0.524 MPa；壳程流体流量 V_s = 2.39 L/s，壳程入口压力 P_{s1} = 0.693 MPa，出口压力 P_{s2} = 0.433 MPa。试计算管程的实际和理论压力降、壳程的实际压力降。

3.5.1　管程、壳程的实际压力降计算

（1）计算管程的实际压力降

$$\Delta p_t = p_{t1} - p_{t2} = 0.539 - 0.524 = 0.015 \, (\text{MPa})$$

（2）计算壳程的实际压力降

$$\Delta P = P_{s1} - P_{s2} = 0.693 - 0.433 = 0.260 \, (\text{MPa})$$

3.5.2　计算管程的理论压力降

对于单程管壳式换热器，管程总压力损失 Δp_t 为换热管内直管段压力损失 Δp_{i1}，流体进、出换热管处局部压力损失 Δp_{r1}，压力传感器至换热器进、出口间直管段压力损失 Δp_{i2} 与流体进、出换热器处局部压力损失 Δp_{r2} 之和，即：

$$\Delta p_t = \Delta p_{i1} + \Delta p_{i2} + \Delta p_{r1} + \Delta p_{r2}$$

（1）换热器内直管压力损失为：

$$\Delta p_{i1} = \lambda \cdot \frac{l}{d_i} \cdot \frac{u^2 \cdot \rho}{2}$$

式中　l——换热管总长，l = 1.092 m；

$$u = \frac{V_t}{\frac{\pi}{4} \cdot d_i^2 \cdot n} = \frac{1.82 \times 10^{-3}}{\frac{\pi}{4} \times 0.007^2 \times 139} = 0.340 \, 2 \, \text{m/s}$$

设实验水温为 20 ℃，则：

ρ = 998.2 kg/m³，μ = 1.005 × 10⁻³ Pa · s

$$R_e = \frac{d_i \cdot u \cdot \rho}{\mu} = \frac{0.007 \times 0.340 \, 2 \times 998.2}{1.005 \times 10^{-3}} = 2 \, 365 > 2 \, 000 ，为过渡流，$$

现按湍流计算：

$$\lambda = 0.005 \, 6 + 0.500/R_e^{0.32} = 0.047$$

所以，

$$\Delta p_{i1} = \lambda \cdot \frac{l}{d_i} \cdot \frac{u^2 \cdot \rho}{2} = 0.047 \times \frac{1 \, 092}{7} \times \frac{0.340 \, 2^2 \times 998.2}{2} = 424 \, (\text{Pa})$$

（2）换热管进出口的局部压力损失为：

$$\Delta p_{r1} = \Sigma \zeta \cdot u^2 \cdot \rho/2 \approx 1.5 u^2 \cdot \rho/2 = \frac{1.5 \times 0.340 \, 2^2 \times 998.2}{2} = 87 \, (\text{Pa})$$

（3）压力传感器至换热器进、出口间直管段压力损失为：

$$\Delta p_{i2} = 2\lambda' \cdot \frac{l'}{d_i'} \cdot \frac{u'^2 \cdot \rho}{2}$$

式中　$d_i' = 32 - 2 \times 2.5 = 25$ mm；

$l' = 300$ mm；

$$u' = \frac{V_t}{\frac{\pi}{4}d_i'^2} = \frac{1.82 \times 10^{-3}}{\frac{\pi}{4} \times 0.025^2} = 3.7077 \text{ m/s}；$$

$$R_e' = \frac{d_i' \cdot u' \cdot \rho}{\mu} = \frac{0.025 \times 3.7077 \times 998.2}{1.005 \times 10^{-3}} = 92\,065 > 4\,000 \qquad 为湍$$

流；

$$\lambda = 0.0056 + 0.500/R_e^{0.32} = 0.018。$$

所以，

$$\Delta p_{i2} = 2\lambda' \cdot \frac{l'}{d_i'} \cdot \frac{u'^2 \cdot \rho}{2} = 2 \times 0.018 \times \frac{1\,092}{7} \times \frac{3.7077^2 \times 998.2}{2} = 2\,964 \text{（Pa）}$$

（4）换热器进出口局部压力损失为：

$$\Delta p_{r2} = \Sigma\zeta \cdot u^2 \cdot \rho/2 \approx 1.5u^2 \cdot \rho/2$$
$$= \frac{1.5 \times 998.2 \times 3.7077^2}{2} = 10\,292 \text{（Pa）}$$

（5）总的管程压力损失为：

$$\Delta p_t = \Delta p_{i1} + \Delta p_{i2} + \Delta p_{r1} + \Delta p_{r2} = 424 + 87 + 2\,964 + 10\,292$$
$$= 13\,767 \text{（Pa）} = 0.0138 \text{（MPa）}$$

3.5.3　关于壳程的理论压力降计算

对于壳程压力损失 Δp_s 的计算，由于流动状态比较复杂，提出的近似计算公式较多，这里不作计算要求。

（四）计算机数字直接控制 DDC 控制算法说明

4.1　模糊算法模块程序说明（VB）

定义变量：

```
Dim D (1 To 3000) As Single                    '定义输出变量
Private Sub Fuzzy ()                            '模糊算法

i = 1
a = b - c                                       '计算偏差
If a < -5 Then D (i) = 6000
If a > = -5 And a < -4 Then D (i) = 6000
If a > = -4 And a < -3 Then D (i) = 6000
If a > = -3 And a < -2 Then D (i) = 6000
If a > = -2 And a < -1 Then D (i) = 4500
If a > = -1 And a < 0 Then D (i) = 4500
If a > = 0 And a < 1 Then D (i) = 3000
If a > = 1 And a < 2 Then D (i) = 3000
If a > = 2 And a < 3 Then D (i) = 1500
If a > = 3 And a < 4 Then D (i) = 1500
If a > = 4 And a < 5 Then D (i) = 0
If a > = 5 Then D (i) = 0
If D (i) > 20000 Then D (i) = 20000             '输出超限处理
If D (i) < 4000 Then D (i) = 4000
AO6311Single nAdd, 1, D (i), 6                  '板卡输出
If i > = 3000 Then i = 1
i = i + 1
End Sub
```

调用说明：

变量 a 为温度偏差，变量 b 为温度设定值，变量 c 为温度的测量值；调用此函数时须先给定设定值 b，检测被控变量的测量值 c，D (i) 为函数输出值。

数据类型说明：

变量 a，b，c 为模拟量，单位为℃。D（i）为电流值 4～20 mA 对应的数字量。

4.2 数字 PID 控制算法程序说明（VB）

定义变量：

Dim d（0 To 3000）As Single　　　　　'输出

Dim a（-1 To 3000）As Single　　　　'偏差

Dim c（1 To 3000）As Single　　　　　'被控变量采集值

Dim e（0 To 3000）As Single　　　　　'输出增量

Private Sub PID（）　　　　　　　　　'PID 算法

　　T_ interval = 500　　　　　　　　'采样周期

　　j = 1

　　a（j）= b - c（j）　　　　　　　'计算偏差

　　XishuTp = Val（Text1. Text）

　　XishuTi = Val（Text2. Text）

　　XishuTd = Val（Text3. Text）

　　a（-1）= 0

　　a（0）= 0

　　e（0）= 0

　　d（0）= 0

　　e（j）= XishuTp * （a（j）- a（j - 1）+ 0. 001 * T_ interval * a（j）/XishuTi + （a（j）- a（j - 1）* 2 + a（j - 2））* 1000 * XishuTd /T_ interval）

　　d（j）= d（j - 1）+ e（j）

　　If d（j）> 20000 Then d（j）= 20000　'输出超限处理

　　If d（j）< 4000 Then d（j）= 4000

　　AO6311Single nAdd，1，d（j），6　　　'板卡输出

　　If j > = 3000 Then j = 1

　　j = j + 1

End Sub

调用说明：其中变量 b 为设定值；调用此函数时须先给定 XishuTp，XishuTi，XishuTd 的值，采样周期 T_ interval 的值，d（j）为函数输出值。

数据类型说明：采样周期 T_ interval 的单位为 ms，变量 b 为板卡采集值，

XishuTp，XishuTi，XishuTd 为比例系数，积分系数，微分系数，d（j）为电流值 4～20mA 对应的数字量。